中国石化“油气氢电服”常用知识问答

本书编委会　编

中国石化出版社
·北京·

图书在版编目（CIP）数据

中国石化“油气氢电服”常用知识问答 / 本书编委会著 .
北京：中国石化出版社，2024. -- ISBN 978-7-5114-7716-3

Ⅰ. F426.2-44

中国国家版本馆 CIP 数据核字第 202493UW35 号

中国石化出版社出版发行

地址：北京市东城区安定门外大街 58 号
邮编：100011　电话：(010)57512500
发行部电话：(010)57512575
http://www.sinopec-press.com
E-mail：press@sinopec.com
北京富泰印刷有限责任公司印刷
全国各地新华书店经销

*

710 毫米 ×1000 毫米 16 开本 15 印张 218 千字
2024 年 10 月第 1 版　2024 年 10 月第 1 次印刷
定价：88.00 元

《中国石化“油气氢电服”常用知识问答》编委会

主　　编：李玉杏　张　毅

副 主 编：阚　笫　潘　峰

编写人员：宋利军　詹月辰　郑东前　朱　静
　　　　　杨　勇　刘海利　凌瑞枫　王思明
　　　　　张　奇　李　岩　梁　欣

审稿人员：王剑波　周金广　宋利军　郑东前
　　　　　赵　扬　詹月辰　朱　静　冯　想
　　　　　刘海利　凌瑞枫　刘馨璐　李　冰
　　　　　宁　敏

前 言

近年来，我国能源消费结构正在向多元化、低碳化方向转变。随着全民环保意识的不断提升和新能源产业的蓬勃发展，传统油气领域正面临着转型升级的压力与挑战。在这一背景之下，无论是成品油与汽服产品、新能源汽车，还是氢能、光伏领域，都在发生着显著的变革。在油品升级过程中有哪些新变化，当今发动机与排放标准提出了什么新要求，新形势下如何管控油品质量，新能源汽车的组成和特点又是什么，光伏、氢能和储能的技术现状如何，都成为广大消费者和专业技术人员关注的焦点问题。

本书通过问答的形式，深入浅出地向广大读者阐述了成品油气、汽服产品、电能、光伏、氢能等多个领域内的常见问题。从基本概念、分类知识、检测知识、原理介绍、使用性能、标准要求、注意事项、技术特点、行业现状等多维度普及油气氢电服相关知识。同时，在编撰上还注重了知识的前沿性和行业发展动态，力求科普性与专业性相平衡。该书内容翔实易懂，无论是对从事传统油气质量管理还是新能源业务相关人士均有一定的实用性与指导作用。

本书是在中国石化销售股份有限公司的大力支持下，由从事多年成品油经营管理与新能源业务工作的李玉杏、张毅同志担任主编，阚笫、潘峰同志担任副主编，由中国石化销售股份有限公司应用技术研究院技术人员组成编写小组负责相关篇章的编写。

由于编者水平和经验有限，不足之处在所难免，敬请广大读者谅解并提出宝贵意见。

编　者

序　言

2021年10月，习近平总书记在视察胜利油田时强调，石油能源建设意义重大，能源的饭碗必须端在自己手里，2023年10月，习近平总书记来到九江石化视察时指示，石化产业是国民经济重要支柱，必须走绿色低碳发展之路。中国既是能源生产大国，又是能源消费大国，必须培育发展新质生产力，先立后破，提升能源供给安全保障能力，促进多种能源供应高效协同发展。

中国石化倡导落实“四个革命、一个合作”能源安全新战略，积极拥抱能源革命，主动寻求变革。“十四五”期间，销售公司紧紧围绕打造世界一流现代化综合能源服务商的远景目标，在发展传统能源供给基础上，构建“油气氢电服”综合能源供应体系，拓展综合能源应用场景，实现绿色低碳、安全稳定综合能源供应发展，满足经济高效、多元便捷综合能源消费需求。为此，组织撰写《中国石化“油气氢电服”常用知识问答》。

《中国石化“油气氢电服”常用知识问答》全面系统、科学准确地聚焦“油气氢电服”综合能源应用与发展的热点提出问题，言简意赅、深入浅出地给出明确答案。本书内容丰富，视野开阔，结构合理，实用性强，对普及综合能源知识，提高从业人员业务素质，提升石油石化企业管理水平，具有较高的应用价值。同时对推动综合能源应用，引导客户正确使用，维护消费者合法权益，具有一定的指导意义。

当前正值公司转型发展的关键期，也是持续发展的机遇期，公司全体员工紧抓机遇，克服困难，迎难而上，发挥各自作用，助力公司转型升级，编著《中国石化“油气氢电服”常用知识问答》，正是公司发展“油气氢电服”综合能源服务商的一项举措。期待本书的出版，对读者在“油气氢电服”综合能源知识理解上起到交流、廓清应用认识的作用，助推公司在综合能源的供应和管理上实现高质量发展。

今年恰逢新中国成立75周年，谨以此书为祖国生日华诞献礼！

李玉杏

中国石化销售股份有限公司董事长、党委书记

目　录

第一篇　传统能源知识

第二篇　新能源知识

第三篇　质量管理

第一篇

传统能源知识

第一章　汽柴油知识

1. 我国车用汽油有几个牌号，是按什么划分的？

答：我国车用汽油牌号是按研究法辛烷值（RON）划分的。国家标准GB 17930—2016中“国ⅥB”标准包括三个牌号：89号、92号、95号，此外附录A中还规定了98号。

2. 油品质量等级和油品牌号有关系吗？

答：油品质量等级和油品牌号是完全不同的概念，每一级别的油品都被划分为不同的牌号。比如，国ⅥB车用汽油被划分为89号车用汽油（ⅥB）、92号车用汽油（ⅥB）、95号车用汽油（ⅥB）、98号车用汽油（ⅥB）。

3. 欧美等发达国家（地区）使用什么牌号的汽油？

答：（1）欧洲主要使用95号和98号汽油，欧洲汽油牌号是按照研究法辛烷值划分的，相当于我国的95号、98号汽油。

（2）美国主要使用87号、89号、91号、93号汽油，这些汽油是按抗爆指数划分的。美国大部分车辆加注的是87号汽油，相当于我国的92号汽油；美国91号汽油，相当于我国的95号汽油；美国93号汽油，相当于我国的98号汽油。

4. 车用汽油标准中常用什么指标来衡量汽油的蒸发性？汽油的蒸发性与车辆使用的关系如何？

答：我国车用汽油用馏程和蒸气压来衡量汽油的蒸发性。汽油的蒸发性越好，燃烧越完全，发动机易启动，加速越及时，使磨损减少、油耗降低。但汽油的蒸发性（蒸气压）不宜太高，否则汽油蒸发损耗加大，夏季易产生气阻，中断正常供油。

5. 汽油中哪些物质易产生腐蚀作用?

答：汽油中易产生腐蚀作用的物质有单质硫及硫化物、水溶性酸或碱、有机酸性物质和水分。

6. 如何初步辨别成品油的质量?

答：消费者可以通过看、闻、蘸等简易的方式初步辨别油品质量。

一看：就是看油品的外观。合格的油品看上去应该是透亮的，混浊、发黑、黯淡及有悬浮物的油品有可能是劣质油品。

二闻：就是闻油品的气味。合格的汽油、柴油有明显的独特气味，恶臭、刺鼻、发酸或有明显香味的油品有可能是劣质油品。

三蘸：就是取几滴油品观察挥发性能和感受手感。合格的汽油易挥发，一般一两分钟之内就会完全挥发，挥发慢或有明显残留的为异常油品。合格的柴油不易挥发，手感比较滑腻；相反，挥发快、干涩或过于黏稠的为异常油品。

从发动机的运行状况也可以初步判断油品质量。发动机运行过程中如果有敲缸的声响，有可能是汽油辛烷值或柴油十六烷值偏低造成。观察尾气颜色，如果出现白烟、黑烟等不正常的颜色，有可能是油品质量较差造成的。

以上是初步辨别油品质量的方法，需要一定的经验，但不能据此准确做出判定。最终判断油品合格与否，应以产品标准的检验结果为准。

7. 不同批次油品的气味为什么会不一样?

答：原油来源和炼厂加工工艺不同，使得不同批次的油品组分不同，进而使油品的气味也不一样；使用添加剂不同，也可能会造成油品的气味不同。

8. 车辆油箱里为什么会有水?

答：每辆车的油箱内都会有少量的水存在，特别是使用时间较长的车辆。油箱进水的因素有很多，如空气中的水蒸气凝结，油箱进油管老化渗漏、缸套阻水圈漏水、缸盖或机体有裂纹、水堵漏水等因素造成的雨水渗入，蒸汽密封抽出口堵塞，轴封漏气不能抽出等因素都会造成油箱中有水。

9. 车用汽油池的构成有哪些？目前我国车用汽油的组成有何特点？

答：车用汽油池一般由催化裂化、催化重整、烷基化、异构化和醚化汽油等组分调和构成。

受原油特点、炼油工艺和炼油装置差异影响，目前我国车用汽油池构成与欧美发达国家（地区）汽油池构成有显著差别，主要在于欧美发达国家（地区）汽油池中催化裂化汽油仅占调和汽油组分的1/3，而我国催化裂化汽油占比超过60%，约是欧美发达国家（地区）的2倍。我国车用汽油池中高辛烷值的重整汽油、烷基化油和异构化油占比偏低。

10. 什么是汽油的抗爆敏感性？

答：汽油抗爆敏感性是指汽油研究法辛烷值与马达法辛烷值（MON）之差。其数值大小表示汽油综合的抗爆性能，也间接反映了油品组成及炼制工艺。

11. 我国为什么要推广使用车用乙醇汽油？

答：乙醇属于替代燃料，是可再生能源。由于我国的石油储备较少，石油主要依赖进口，推广乙醇燃料可以减少对石油的依赖。使用乙醇汽油比普通汽油更加环保，对保护环境有一定帮助。纯乙醇燃料和纯汽油相比，前者燃烧后的温室气体排放量低了59%，同时，加入乙醇之后可以减少汽油中的抗爆剂的加入量。

12. 乙醇汽油的优点有哪些？

答：（1）乙醇辛烷值高、抗爆性好。乙醇研究法辛烷值为111、马达法辛烷值为91，国内典型催化裂化汽油中添加10%乙醇后，其研究法辛烷值提高3.4个单位、马达法辛烷值提高1.4个单位。

（2）乙醇含氧量高达34.7%，若汽油中含10%的乙醇，氧含量就能达到3.5%。乙醇碳氢比低，燃烧完全，热效率较高，污染轻微，可降低排放。研究表明，与常规汽油相比，使用E10车用乙醇汽油的试验车，由于燃烧充分，可使汽车尾气有害物排放总量下降约33%。

（3）乙醇的汽化潜热比汽油高约3倍，混合燃料蒸发汽化，可以促使混合气温度进一步降低，有利于增加进气量和提高功率。

（4）乙醇资源较为丰富，生产技术成熟，当乙醇掺混比例小于10%时，无须对汽车做大的改动。

（5）乙醇是一种有机溶剂，具有较好的清洁作用，能有效清除油箱及油路系统中的杂质，具有良好的油路疏通作用。

13. 乙醇汽油的缺点有哪些?

答：（1）乙醇的热值低于常规汽油，发动机油耗随乙醇掺入量增加而增加。研究表明，使用E10乙醇汽油时，油耗有所增加，发动机的加速性及启动性没有明显变化。

（2）乙醇的蒸发潜热大，导致汽车动力性和经济性有所下降，低温下不易启动。

（3）乙醇在燃烧过程中会形成乙酸等对金属有腐蚀作用的化合物，因此车用乙醇汽油中应添加适量的金属腐蚀抑制剂。

（4）乙醇作为一种化工溶剂，对汽车供油系统、油泵、加油枪的橡胶部件有一定的溶胀作用。

（5）乙醇与水能以任意比例互溶，乙醇汽油在少量水的存在下容易发生相分离。因此必须严格限制乙醇汽油中的水分含量。

14. 车辆在使用车用乙醇汽油时需要注意哪些事项?

答：（1）首次使用前要对车辆内部进行清洗。车用乙醇汽油中的乙醇具有较强的溶解清洗特性。车辆在首次使用乙醇汽油时，特别是在使用1~2箱后，在乙醇的清洗作用下，会将油箱、油路中沉淀、积存的各类杂质（如铁锈、污垢、胶质颗粒等）软化溶解下来，混入油中，造成油路不畅。

（2）防止发动机内水分超标。乙醇是亲水性液体，易与水互溶后沉积在油箱底部。因此，车辆在首次使用车用乙醇汽油时，应对油箱进行检查，以防止乙醇汽油与油箱底部可能存在的沉淀积水互溶，影响发动机的正常工作。

15. 为什么要控制车用汽油中的甲醇含量?

答：甲醇是高辛烷值组分，其缺点需要高度关注：

（1）甲醇是极性和吸水性强的物质，对金属、塑料和橡胶等均有较强的腐蚀性和溶胀作用。

（2）甲醇在生产过程中一般会含有酸性物质，而且甲醇本身的吸水性使之在储存过程中含有少量的有机酸，以及甲醇燃烧后产生的甲醛、甲酸等会对发动机系统的腐蚀和磨损产生潜在的影响。

（3）甲醇具有毒性，对人体健康有较大影响，甲醇能损坏人体神经系统和血液系统，经消化道、呼吸道或皮肤摄入产生毒性反应，甲醇蒸气会影响人的呼吸道黏膜和视力。

16. 汽油中的哪些组分易产生沉积物?

答：汽油中的不稳定组分和重质组分易产生沉积物。不稳定组分主要是烯烃等不饱和组分，易在进气系统如进气阀表面和喷嘴表面氧化缩合生成沉积物。一些重质组分由于燃烧不完全，易在发动机燃烧室产生沉积物。

17. 某车用汽油有臭味可能是什么原因?

答：硫醇是具有一定臭味的物质，硫醇含量过高会造成汽油具有臭味。化工调和汽油中如果含有塑料、橡胶的裂解成分，也有可能使汽油带有臭味。

18. 甲基叔丁基醚（MTBE）在我国的汽油调和生产中广泛使用，尤其是在高标号汽油中作为重要组分，MTBE 可以随意使用吗?

答：不可以。MTBE的最大可加入量受汽油质量标准中氧含量的限制，并且不能用于调和乙醇汽油。由于MTBE泄漏后会对地下水源造成污染，部分国家限制甚至完全禁止MTBE作为组分参与汽油调和。

19. 什么是汽油的抗爆性? 评价汽油抗爆性的指标有哪些?

答：（1）在点燃式发动机中，由空气与燃料的混合物自燃引起的异常燃烧，通常伴随响声，称为爆震。汽油在各种使用条件下抗爆震的能力称为抗爆性，是汽油最重要的使用性能之一。

（2）评价汽油抗爆性的指标为辛烷值，有研究法辛烷值与马达法辛烷值两种，分别反映汽车在低速和高速行驶条件下的抗爆性，为了反映汽车在实际行车中的抗爆性，还有一种道路辛烷值，它近似等于抗爆指数（MON+RON）/2。

20. 如何提高汽油的辛烷值?

答：提高汽油辛烷值的途径有以下几种：

（1）改变汽油的化学组成，增加异构烷烃和芳香烃的含量。这是提高汽油辛烷值的根本方法，可以采用催化裂化、催化重整、异构化等加工过程来实现。

（2）加入少量提高辛烷值的添加剂，即抗爆剂。

（3）调入其他的高辛烷值组分，如乙醇、MTBE、乙基叔丁基醚（ETBE）等含氧有机化合物。

21. 车用乙醇汽油分为几个牌号？如何标识?

答：《车用乙醇汽油（E10）》（GB 18351—2017）标准规定，国ⅥB标准车用乙醇汽油分为89号、92号、95号三个牌号，附录A中还规定了98号。乙醇汽油标识方法是在汽油牌号后加注“E10”作为车用乙醇汽油的统一标识。

22. 什么是变性剂？什么是变性燃料乙醇?

答：变性剂是指添加到燃料乙醇中使其不能食用的车用乙醇汽油调和组分油或车用乙醇汽油。变性燃料乙醇是加入变性剂后不适于饮用的燃料乙醇。

23. 汽油的辛烷值与其化学组成有什么关系?

答：组成汽油的化合物主要是烷烃、环烷烃、芳香烃和烯烃。汽油中各种组分的辛烷值由于分子化学结构不同而差异很大，正构烷烃的辛烷值最低，异构烷烃的辛烷值比正构烷烃高很多，芳香烃辛烷值最高，环烷烃与烯烃辛烷值介于二者之间。

24. 汽油牌号越高越清洁吗？或者说纯度越高吗?

答：随着汽车技术的不断进步，高牌号汽油的应用日益广泛，不少车主将汽油的牌号理解为油品纯度和质量的标准，其实这是错误的。

正规炼厂生产的汽油是由不同炼油工艺炼制的汽油组分调和而成的，再根据实际情况加入少量的添加剂。因此，从宏观方面来说，汽油本身是一种混合物，各种组分都会发挥其相应的作用，没有汽油纯度一说。

汽油牌号只是表示汽油辛烷值的大小，牌号越高，辛烷值就越高，抗爆性能就越好，但不代表它就越清洁。

25. 催化裂化工艺在汽油升级中扮演怎样的角色?

答：催化裂化汽油占我国汽油池调和组分60%以上，因此降低催化裂化汽油的烯烃和硫化物含量是我国汽油质量升级的关键。

分区控制汽油烯烃含量可以有效控制汽油馏分的烯烃含量（其体积分数可降至9.5%以下），解决因汽油烯烃含量快速降低过程中出现的焦炭产率异常增加的难题。

降烯烃与脱硫集成的技术路线，化解了汽油脱硫、降烯烃、保辛烷值和低成本生产之间的固有矛盾，为以后的汽油质量升级提供了成本较低的工艺选择。

26. 什么是车用乙醇汽油调和组分油? 车用汽油与车用乙醇汽油有何区别?

答：车用乙醇汽油调和组分油是调和车用乙醇汽油所使用的基础汽油组分。它是炼油厂生产的车用汽油半成品（不添加含氧化合物的液体烃类）。目前我国市售的汽油主要有车用汽油和车用乙醇汽油，均已达到国ⅥB标准要求。车用汽油是符合《车用汽油》（GB 17930—2016）标准的汽油；车用乙醇汽油是符合《车用乙醇汽油（E10）》（GB 18351—2017）标准的汽油，该汽油由组分油和10%（体积分数）变性燃料乙醇调和而成。车用汽油和车用乙醇汽油的最大区别是车用汽油不含乙醇。

27. 汽油中为什么要控制芳烃、烯烃和苯含量?

答：汽油中需要加入芳烃、烯烃、苯等高辛烷值组分，但加入量需要控制。原因在于：芳烃虽然具有较高的辛烷值和热值，但是，如果燃烧不完全会生成致癌物苯，芳烃燃烧还可能生成NO_x、HC和炭烟，芳烃还容易增加燃烧室的积炭；烯烃的辛烷值也较高，但烯烃是不安定组分，容易发生聚合反应，在发动机进气系统形成胶质和积炭；苯毒性大，蒸发或燃烧不完全排入大气会对人体健康造成危害。

28. 什么是品牌汽油？

答：以往人们普遍认为，加油站的油品仅仅简单划分牌号，如92号、95号等，但是车用汽油或车用乙醇汽油也可以做成品牌化、功能化、差异化的产品。品牌汽油通常选用优质基础汽油组分，配以多种功能性添加剂调和，能最大限度地发挥中高端发动机的诸多性能。

目前，国际上多数知名石油公司都已推出了各自的品牌汽油产品。包括中国石化的爱跑（X–Power），中国石油的超级汽油（CN），壳牌（Shell）公司的V–Power（威澎）、雪佛龙（Chevron）公司的Techron（特能）、埃克森美孚（Exxon–Mobil）公司的Synergy、英国石油（BP）公司的Ultimate（优途）和道达尔（Total）公司的Excellium（优驰）及比赛用油ELF品牌等。

品牌汽油普遍表现出了优异的性能和高端的形象，展现着企业的核心科技，持续吸引着消费者购买使用，提升了各企业品牌形象和经济效益。

29. 中国石化品牌标志的口号是什么？中国石化爱跑98品牌汽油的技术特点有哪些？

答：中国石化品牌标志口号是“能源至净，生活至美”。爱跑98汽油是中国石化自主研发的品牌汽油，其基础汽油品质在抗爆敏感性、馏程、密度范围和烯芳烃等多项技术指标上均优于国家标准。对大气排放而言，爱跑98汽油能进一步降低HC、CO等的排放。对消费者而言，使用爱跑98汽油能显著减少进气阀沉积物生成，改善汽车发动机的提速性、动力性、清净性及燃烧效率。

爱跑98加入了专用品牌添加剂，能清除和抑制发动机燃油系统产生的积炭，保持洁净，同时能使燃油喷雾颗粒更细、燃烧充分、效率更高。另外具有类似人体DNA的防伪技术，利用仪器能在数秒内鉴别真假和品质。

30. 汽油在使用过程中形成气阻的主要影响因素是什么？如何减少气阻的发生？

答：气阻是指汽油挥发产生的汽油蒸气在管路中积存，影响油泵的真空度而造成供油不足或中断的现象。汽油是否形成气阻取决于汽油中轻质馏分的含量、汽油的使用温度和供油系统的压力。可以通过选用合适饱和蒸气压的汽油，以及适当提高油泵操作压力等方式减少气阻的发生。

31. 使用不同牌号油品，换油前需要清洗油箱吗？

答：通常，更换不同牌号油品时无须清洗油箱，只要选择和车辆相匹配牌号的油品就可以。但对于使用年限或行驶里程较长的汽油车，由车用汽油更换为乙醇汽油前，建议清洗油箱，以免油箱底部的杂质和水分被带入发动机，影响使用。

32. 国Ⅵ B 汽油是否耐烧？

答：升级到国ⅥB汽油，变化主要在环保指标，即烯烃指标降低，汽油更洁净，不会出现汽油不耐烧的问题，消费者可以放心使用国ⅥB汽油。

33. 车用乙醇汽油与车用汽油在使用性能上有什么不同？

答：符合国家标准的车用乙醇汽油与车用汽油在使用性能上没有什么明显不同。使用车用乙醇汽油尾气中CO和HC的排放量减少，总有害物的排放量也会减少，但是NO_x的排放略有增加。实践表明，使用车用乙醇汽油的车辆油耗会比使用车用汽油略高一些。

34. 车用乙醇汽油和车用汽油可否混用？

答：使用车用乙醇汽油的车辆，可以加入满足要求的车用汽油，但应选择信誉良好、质量有保证的加油站加油，避免加入含水车用汽油和假冒伪劣油品，导致车辆不能正常运转。使用车用汽油的车辆也可以加入满足要求的车用乙醇汽油。

35. 为什么相同牌号的汽油颜色会有不同？油品颜色能反映油品质量吗？

答：汽油的牌号是根据其研究法辛烷值的数值划分的，与颜色没有直接关系。颜色不同主要有以下原因：一是不同产油地开采出的原油所含组分及其比重不同，颜色自然不同；二是同标号油品颜色的差异还和炼厂的加工工艺及加入的添加剂有关；三是油品颜色与储存条件、储存时间也有关。油品会随着储存时间的长短产生不同程度的氧化作用，从而使其颜色会有逐渐加深的现象。所以不同炼厂生产的汽油，即使牌号相同，其颜色也不相同。一般情况下，油品的颜色不能直接反映其质量。

36. 车用汽油与车用柴油能否混用?

答：不能。因为汽油和柴油发动机燃烧原理不同。汽油机为点燃式，而柴油机为压燃式。车用汽油馏分轻，易挥发，自燃点高，辛烷值高。而车用柴油馏分重，自燃点低，十六烷值高。汽、柴油混合后既不能在汽油机中使用，也不能在柴油机中使用。若在汽油发动机中使用，辛烷值太低，极易产生爆震，馏分重，沉积物和积炭太多，易造成剧烈震动、熄火、无法启动等情况；若在柴油发动机中使用，自燃点高，十六烷值太低，不易压燃。

37. 汽油的安定性对发动机有何影响?

答：汽油的安定性与其化学组成有关，如果汽油中含有大量的不饱和烃，特别是二烯烃，在储存和使用过程中，这些不饱和烃极易被氧化，使汽油颜色变深，生成黏稠胶状沉淀物即胶质。这些胶质沉积在发动机的油箱、滤网、汽化器等部位，会堵塞油路，影响供油；沉积在火花塞上的胶质高温下形成积炭而引起短路；沉积在汽缸盖、汽缸壁上的胶质形成积炭，使传热恶化，引起表面着火或爆震现象。总之，使用安定性差的汽油，会严重破坏发动机的正常工作。

38. 如何选择汽油牌号?

答：选用油品牌号的主要依据是发动机的压缩比。在汽车的用户手册上（使用说明书、汽车油箱盖）都有油品选用的建议。对于发动机型号带“T”（涡轮增压）的车型，由于使用了涡轮增压技术，发动机工作压力高，通常需要使用较高牌号的汽油才能充分发挥其性能。

目前，在国际汽车行业的实践中，遵循发动机压缩比与汽油辛烷值近似匹配关系，广泛采用以下的用油标准，如表1所示。

表1　发动机压缩比与汽油辛烷值近似匹配关系

压缩比	8.5 及以下	8.6~9.9	10.0~11.5	11.6 及以上
辛烷值（RON）国Ⅵ B 标准牌号	89	92	95	98

39. 使用牌号过高或过低的汽油会有何影响?

答：汽油的牌号代表其辛烷值，牌号越高，汽油的研究法辛烷值越高，抗爆性能越好。车辆错加低牌号的汽油，会使气缸内压力和温度异常增高，产生爆震，损坏活塞、活塞环、气缸垫、排气阀等部件，使发动机功率下降，车辆油耗增大，尾气排放恶化，严重时可能导致发动机损坏。建议按照发动机的压缩比选择油品牌号。

现在的汽车发动机上大多装了爆震传感器，一旦发生爆震，传感器会将信号传给电子控制单元（ECU）处理器，由ECU发出指令调整点火提前角，延迟点火时间，这样就可以防止或消除爆震的发生。但即便如此，依然不建议使用低于车辆推荐使用牌号的汽油。反之，若使用的汽油牌号过高，不仅会造成经济上的浪费，还会因汽油引火慢、燃烧时间延后，造成发动机功率下降，甚至烧坏排气管路。因此，应按照车辆使用说明书或车辆油箱盖处标识来选用适宜牌号的汽油。

40. 汽油中胶质含量过高时对发动机有哪些危害?

答：（1）胶质沉积在供油管、过滤器、汽化器喷管和喷油嘴上，从而堵塞油路。

（2）胶质黏结在进气阀上，导致发动机熄火。

（3）造成活塞顶、燃烧室积炭增多，降低功率，增加油耗。

41. 柴油的十六烷值是由什么决定的?

答：柴油的十六烷值由其化学组成决定。与辛烷值相反，正构烷烃的十六烷值最高，环烷烃与烯烃居中，芳香烃的十六烷值最低。

42. 车用柴油有几个牌号? 按什么划分?

答：车用柴油GB 19147—2016标准将车用柴油（Ⅵ）按凝点分为六个牌号：

5号、0号、-10号、-20号、-35号、-50号。

43. 车用柴油加入抗磨剂有何意义?

答：由于车用柴油生产过程中，在除去大量含硫化合物的同时，也除去了柴油中大量具有抗磨作用的组分，如含氧、含氮化合物及单环、双环芳烃等，导致车用柴油的自然润滑性能降低。而柴油发动机高压油泵系统是依赖柴油自身润滑的，向车用柴油中加入润滑性添加剂，即抗磨剂，是最简便也是目前广泛采用的改善柴油润滑性的方法。

44. 柴油纳入危化品管理的意义是什么?

答：依照《危险化学品安全管理条例》（国务院令第645号）有关规定，调整《危险化学品目录（2015版）》，将“1674柴油［闭口闪点≤60℃］”调整为“1674柴油”，于2023年1月1日起实施。

调整后，柴油的生产、储存、使用、经营和运输均按照危险化学品进行安全管理。因此，柴油的生产、经营、使用均需按照危险化学品相关要求执行。该条例的实施能够严厉打击非法储存和经营柴油的个人或企业，规范储存和经营行为，维护市场秩序，进一步加强安全监督，提高从业企业和从业人员的准入条件和要求。

45. 柴油的黏度有什么意义?

答：为了保证柴油机的正常工作，柴油机燃料应有适当的黏度。黏度关系发动机供油系统的正常工作、喷油雾化的质量，以及燃料在发动机中的蒸发和燃烧。黏度的大小与燃料的轻重有关，是控制燃料轻重的一项重要指标。使用黏度过高的燃料，即过重的燃料，会使油泵抽油效率下降，供油量减少，雾化不良，引起燃烧不完全、耗油增加、发动机功率下降。使用黏度过低的燃料，即过轻的燃料，雾化及蒸发虽好，但与空气混合不均匀，同样燃烧不完全，导致发动机工况恶化。柴油兼具输送泵和高压油泵润滑剂的作用，黏度过低其润滑效果变差，会造成机件磨损。所以柴油机需要有适宜黏度范围的燃料。

46. 为什么柴油要有适宜的蒸发性?

答：为了保证柴油能平稳地、正常地燃烧，要求柴油在极短的瞬间能完全蒸发，迅速与空气形成稳定的可燃性混合物，因而需要控制柴油的馏分组成。一般柴油机转速越高，需要的燃料馏分就越轻。但馏分过轻，会引起发动机气缸压力急剧上升，导致发动机工作变得苛刻；过重则会引起燃料的不完全燃烧。

47. 改善柴油低温流动性的方式有哪些?

答：（1）脱蜡。成品柴油脱蜡成本高而且收率低，只有在特殊情况下才会采用。

（2）调入低温流动性较好组分。

（3）添加低温流动改进剂。向柴油中加入低温流动改进剂，可防止、延缓石蜡形成网状结构，从而使柴油冷滤点和凝点降低。此种方法经济且简便，因此采用较多。

48. 柴油的燃烧性能用什么指标来评价? 柴油的十六烷值指标有什么意义?

答：柴油的燃烧性能用十六烷值（十六烷指数）来评价。十六烷值是柴油发火性能好坏的质量指标。柴油机没有点火设备，属于压燃式着火，柴油喷入气缸后与压缩空气混合，在气缸内高温高压条件下柴油很快自燃。

柴油的十六烷值越高，柴油的发火延迟时间越短，柴油自燃的温度越低，燃烧性能也越好。在此种条件下，气缸中的压力均匀地增加，发动机的工作也较平稳，易于启动，这对提高发动机的功率有很大的实际意义。

49. 柴油的十六烷值是越高越好吗?

答：十六烷值是评价柴油着火性能的指标，并非越高越好。十六烷值越高，着火滞后期越短，十六烷值高的柴油含烷烃较多，柴油凝固点会随之增高，烷烃热安定性较差，提高柴油十六烷值会增加炼制成本。

使用十六烷值过高（如>65）的柴油，柴油喷入气缸后，早期着火，这样形成的混合气质量差，一部分油滴在高温下裂解成难以燃烧的碳粒，形成黑烟，燃料消耗反而增加。而且，十六烷值与低温流动性成反比，十六烷值高，则低温流动性降低，且挥发性降低，在启动过程中会影响柴油的雾化质量，从而使低温启动性能降低。因此，对于十六烷值这个指标而言，不应追求过高，适宜柴油机工况的才是最佳的。

50. 柴油的十六烷值过低对使用有何影响?

答：十六烷值过低，柴油从开始喷入到开始着火的时间间隔长，一旦着火起燃，大量柴油在缸内同时燃烧，会使缸内压力、温度迅速上升，工作粗暴。十六烷值高的柴油，自燃点低，着火性能好，喷入气缸后能迅速起火燃烧，燃烧均匀，不易发生爆燃现象，可使气缸内压力升高率不致太大，发动机工作柔和、噪声小，热工效率提高，使用寿命延长。

51. 车用柴油是密度越大越耐烧、质量越好吗?

答：密度是车用柴油的一个重要指标，对柴油的雾化、燃烧和排放性能产生影响。试验表明，燃用不同密度的柴油，从百公里油耗来讲，对于不同排放等级的发动机会有不同表现。高密度燃油的不完全燃烧会在汽缸和喷嘴上产生更多积炭，也会使发动机油耗升高、动力下降；低密度燃油的组分轻，挥发性好，滞燃期变短，也易使柴油机产生粗暴燃烧，增大噪声和振动，同样存在不充分燃烧，油耗相应增加。

总体来说，随着密度增大，百公里油耗降低(俗称耐烧)，动力增强，排放有所增大。但对不同排放标准的发动机，不同密度的燃油其使用性能表现有所不同。针对不同的发动机，均存在一个油耗较低、对排放影响较小的密度区间，超出此区间，对油耗和排放的影响就会变大。因此，在车用柴油的国家标准中，对不同牌号的柴油规定了不同的密度范围。

52. 0号车用柴油能否保证在气温0℃时使用? 为什么低温天气时，0号车用柴油易析蜡堵塞油路?

答：0号车用柴油在气温0℃时可能由于完全凝固、黏度增大或析出蜡结晶堵塞燃油滤清器而不能正常使用。国家标准中0号车用柴油的低温流动性需同时满足凝点不高于0℃和冷滤点不高于4℃两个要求。如果存在某种柴油凝点较低但冷滤点相对较高，那么，在气温0℃时由于黏度增大或析蜡而堵塞油路，会造成无法正常使用。

对于使用石蜡基原油炼制的0号车用柴油，由于原油中蜡含量较高，可能会造成成品柴油中的蜡含量也较高，从而在低温天气时更容易析出蜡结晶。此外，对于加入流动改进剂的0号车用柴油，由于添加剂的加入并不能减少油品中的蜡含量，从而在温度较低时，也会由于本身油品中较高的蜡含量而析出蜡结晶。

53. 汽油的主要性质与排放有哪些关系?

答：(1)辛烷值，在使用辛烷值低于规定要求的汽油时，易出现发动机爆震，影响发动机正常工作，从而导致污染物排放增加。

(2)硫，直接燃烧产物是SO_2。汽油中硫的燃烧产物可以毒害贵金属、明显地降低催化转化器中催化剂的效率，硫不仅会对氧传感器造成不良影响，还会影响汽车车载自动诊断系统(OBD)的正常工作。

(3)芳烃，是汽油辛烷值的有益成分，也是高能密度的燃油分子。但芳烃增加，特别是重芳烃增加，会使发动机燃烧室中的沉积物增加，增加HC和NO_x等尾气污染物排放，包括CO_2排放也会增加。芳烃燃烧，还会增加苯的排放。

(4)烯烃，是不饱和的碳氢化合物，也是汽油辛烷值的有益成分，但汽油中的烯烃会形成沉积物，具有热不稳定性特征，容易沉积在进气系统。如蒸发到大气中，作为活性组分易发生化学反应。

(5)苯，是原油中的天然成分，也是催化重整产品，汽油中的苯含量与尾气中的苯排放量呈线性关系。

(6)汽油的挥发性，对汽油车的使用性能和排放性能均很重要，由蒸气压和馏程决定。控制高温下的蒸气压，可有效减少蒸发排放。T90与HC排放有较好的关联。

54. 柴油的主要性质与排放有哪些关系?

答:(1)十六烷值。十六烷值较低时，柴油机冷启动性能差，或导致喷油量在燃烧室过多积累影响燃烧恶化，引起污染物排放增加。

(2)缩程。柴油馏程回收温度过高，会导致颗粒物排放增加。

(3)芳烃含量与残炭含量。含碳量高、十六烷值低，可增加颗粒物排放。

(4)硫含量与汽油中的硫一样，柴油中的硫以SO_2形式排出，其中一部分氧化成SO_3，再形成硫酸和硫酸盐，硫酸盐会对柴油颗粒捕捉器(DPF)装置形成永久伤害。

55. 市场上销售的汽柴油质量都差不多吗? 符合国家标准要求的汽柴油是不是都能达到车辆的使用要求?

答：市场上销售的汽柴油，因其生产所使用的原油性质、加工工艺和添加剂种类不同，导致其在具体理化指标上存在一定差异。

正规炼油厂以原油为生产原料，以炼油装置为生产设施，使用可靠的调和工艺和合规添加剂，生产所得的油品符合相应产品标准，完全能达到车辆的使用要求，指标上的差异对实际使用不会产生不良影响。然而，用化工原料和其他添加剂调和得到的油品，即使所有检验项目符合国家标准，其使用性能也难以得到保证。

中国石化油品销售事业部专门制定了20余项除国家标准之外的汽柴油内控指标，以确保所销售的油品满足车辆使用要求。

56. 什么是化工调和汽油，化工调和汽油与炼制汽油有什么区别?

答：炼制汽油是由原油经正规炼制工艺生产的，由一次加工与二次加工所得的组分与少量合规添加剂(如防静电剂、抗氧化剂等)调和而成。其组分明确，有害组分受到严格控制，符合相关质量要求，使用性能有保证，不会对车辆造成损害。

化工调和汽油是使用化工原料、炼油废料等廉价产品作为原料，加入部分非常规添加剂，仅为满足指标要求调和而成。常见的非常规添加剂有甲缩醛、苯胺类、卤素，以及含P、含Si的化合物、酯类等。市场上使用较多的化工调和油原料有：化工石脑油、轻烃组分、重芳烃组分、C_9、废塑料回收炼制油等，含这类组分的油品通常会有气味异常、组分分布不均匀等缺陷，对车辆各零部件、自然环境及人体健康均危害巨大。

57. 使用化工调和汽油会对车辆造成哪些危害?

答：不同种类劣质或者异常油品其所含的组分不同，质量指标差异较大，对车辆存在不同的使用风险。使用了化工调和的劣质汽油可能损坏汽车的三元催化器，使氧传感器失效，腐蚀汽车发动机和排放系统，堵塞油路、喷油嘴、进气阀，在汽缸内产生胶质及积炭，直接影响发动机正常工作。严重的可能还会造成发动机零件不可逆损伤，发动机使用寿命缩短甚至报废等情况。

长期使用化工调和汽油，还会因尾气排放中的有毒有害物质增加，污染环境，最终造成人体呼吸系统和中枢神经系统的病变。因此，用户应选择有信誉的加油站加油，避免使用化工调和汽油给车辆、环境或人体健康造成损害。

58. 天气原因会引起油品颜色改变吗?

答：一般情况下，气温高低不同，油品密度会有差异，对油品颜色会有轻微影响。油品长期储存会发生氧化反应生成胶质，造成油品颜色变深。相较而言，天气对油品颜色的影响可以忽略不计。

59. 油品放在容器里较短时间内为什么会变得混浊?

答：(1)在潮湿天气里，油品接触空气后，会吸收空气中水分，使外观变得混浊。

(2)在寒冷天气里，由于室外温度比埋地油罐的温度低很多，埋地油罐取出的柴油会慢慢地析出蜡，进而变混浊。

(3)油品安定性差，接触空气或阳光照射后，生成残渣或油品中的添加剂析出，造成油品外观混浊，这样的油品可能存在质量问题。

60. 油箱里油品为什么会出现混浊?

答：(1)车辆在环境温度降到一定程度后(柴油的浊点以下)，由于柴油中蜡的析出，外观会出现混浊现象。

（2）车辆油箱长期没有清洗，有少量的冷凝水、杂质或污垢等悬浮在油品中，外观会呈现明显混浊现象。

（3）厢式货车、挂车等油箱外挂的车辆，如果油箱盖没有盖紧，水分进入油箱，会造成油品混浊，严重的会出现乳化。

（4）柴油车的油水分离器没有按要求放水或及时更换，水分进入油箱，会造成油品混浊。

61. 汽柴油有保质期吗?

答：符合国家标准的汽柴油在适宜的环境中可以长期储存，不存在所谓的“保质期”的说法。对于储存时间较长的汽柴油，需定期开展质量检测，以确保其指标符合要求。

第二章　天然气知识

62. 什么是 CNG、LNG、LPG？

答：CNG是英文“Compressed Natural Gas”的缩写，即指压缩天然气。CNG主要用于短途汽车和市郊小区供气。常见的车载CNG是采用高强度储罐存储的，天然气的储存压力一般为20MPa。

LNG是英文“Liquefied Natural Gas”的缩写，指液化天然气。LNG是一种低温液态燃料，可常压存储运输。

LPG是英文“Liquefied Petroleum Gas”的缩写，即指液化石油气，由炼厂气或天然气（包括油田伴生气）加压、降温、液化得到的一种无色、挥发性气体，可作为工业、民用、内燃机燃料使用。

CNG和LNG的主要成分均为甲烷，LPG的主要成分是丙烷和少量丁烷等。

63. 天然气的基本特点有哪些?

答：天然气的主要成分为甲烷，是无色、无味、无毒、无腐蚀性的可燃气体。含有硫化氢的天然气具有臭鸡蛋气味。

在标准状态下（101.325kPa，0℃），天然气的密度约为0.7kg/Nm^3（千克每标准立方米），比空气轻，泄漏到空气中后会向上方扩散。天然气燃点约为650℃，在空气中的爆炸极限为5%~15%（体积比），纯甲烷的马达法辛烷值在140左右。

64. 按照不同的来源，天然气可分为哪几类?

答：按来源的不同，天然气可分为常规天然气和非常规天然气。

常规天然气通常是指有机质在地质作用下，经过一定距离的一次运移和二次运移，伴随着石油聚集，形成的常规天然气藏，典型表现为油田伴生气。

非常规天然气是指由于各种原因在特定时期内无法用常规技术手段开采的天然气，典型代表就是页岩气和天然气水化合物。

65. 按照组成及性质的差别，天然气可分为哪几类?

答：按组成及性质的差别，天然气可分为干气和湿气。

干气：甲烷含量高于90%，还含有C_2~C_4烷烃及少量C_5以上重组分，稍加压缩不会有液体产生。典型代表为煤田伴生气。

湿气：除含甲烷外，还含有15%~20% C_2~C_4烷烃及少量轻汽油，稍加压缩有凝析油析出。典型代表为油田伴生气。

66. 按产品标准，天然气如何分类，有哪些使用要求?

答：我国天然气按照高位发热量、总硫、硫化氢和二氧化碳的含量分为一类和二类，其中一类气质量优于二类气质量。

在天然气的交接点温度和压力条件下，天然气中不应存在液态水和液态烃。天然气中的固体颗粒不应影响天然气的输送和使用。民用天然气应具有可察觉的臭味。

67. 车用压缩天然气的基本特点有哪些? 有哪些使用要求?

答：压缩天然气是以气态压缩到20~25MPa，储存在容器中的天然气，即CNG，具有高压、易燃、易爆、清洁环保的特性。

车用压缩天然气是指用作车辆燃料的压缩天然气，《车用压缩天然气》(GB 18047—2017)在高位发热量、总硫、硫化氢、二氧化碳、氧气、水和水露点等方面提出质量要求。使用要求：在操作温度压力下，不应存在液态烃；固体颗粒直径应小于5μm；应具有可察觉的臭味；应考虑车用压缩天然气的抗爆性能。

68. 车用压缩天然气对加臭有什么要求?

答：在《车用压缩天然气》(GB 18047—2017)中规定，对无臭味或臭味不足的天然气应加臭。加臭剂的最小量应符合天然气泄漏到空气中达到爆炸下限的20%浓度时应能察觉的要求。加臭剂应由具有臭味的化合物配制。

69. 液化天然气有哪些基本特点？

答：液化天然气是指天然气经净化、压缩、液化后，在液态状况下的无色天然气流体，主要由甲烷组成，组分可能含有少量的乙烷、丙烷、氮或通常存在于天然气中的其他组分，即LNG。

《液化天然气的一般特性》（GB/T 19204—2020）规定，LNG的密度为430~470kg/m^3（因组分不同而略有差异），储存在低温储罐内，温度通常为-166~-157℃。

LNG具有无色、无味、无毒、无腐蚀性、低温、易燃、易爆，清洁环保、热值高、利用率高的特性。1体积的LNG可以转变为约600体积的气体，能量密度大，是CNG的3倍。

70. 我国液化天然气是如何分类的？

答：《液化天然气》（GB/T 38753—2020）规定，按照甲烷含量和高位体积发热量可将液化天然气分为贫液类、常规类和富液类三个类别。不同液化天然气的特点如表2所示。

表2　不同液化天然气的特点

项目	贫液类	常规类	富液类
甲烷含量/%	>97.5	86.0~97.5	75.0~<86.0
高位体积发热量/（MJ/m^3）	$37.0 \leq Q<38.0$	$38.0 \leq Q \leq 42.4$	>42.4

71. 什么是天然气水露点，测定天然气水露点的意义有哪些？

答：天然气的水露点是指在一定的压力条件下，天然气中析出第一滴水时的温度，也就是在该压力条件下与饱和水汽含量相对应的温度值。

水露点能够直接反映天然气水含量的多少，如果管输天然气温度低于水露点值则管道中将会析出液态水，降低管道输送能力，加速天然气中酸性成分对管道和设备的腐蚀。同时，在高压低温的运行条件下，液态水会与天然气中的一些气体组分生成水合物，引起管线、阀门及检测仪表的堵塞，降低管道流通能力，甚至产生物理性破坏。天然气中的硫化氢与水结合会生成氢硫酸，腐蚀设备和管道，引起安全事故。

72. 天然气初步加工的工艺流程有哪些?

答：天然气初步加工工艺流程如图1所示。

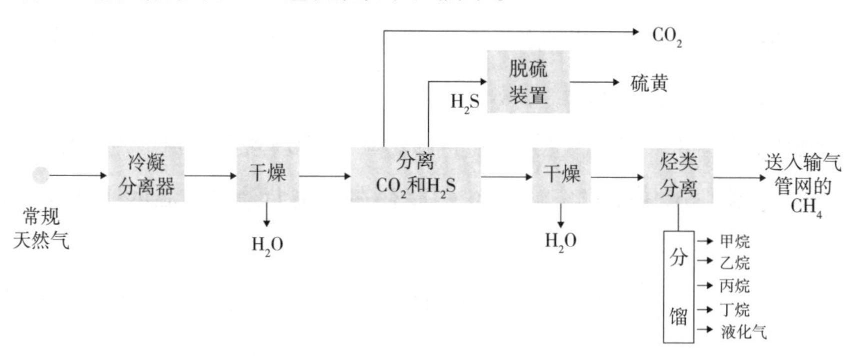

图1　天然气初步加工工艺流程

由天然气井、油田、煤层中产生的天然气，经冷凝分离器进行气液分离、干燥器去除微量的H_2O后，使用碱液去除天然气中的酸性气体CO_2和H_2S，将吸收的CO_2和H_2S解吸，可分别得到CO_2和H_2S。CO_2可直接回收利用，H_2S则经脱硫装置处理，不但尾气实现脱硫达标排放，硫资源也实现了回收利用。

由于使用碱液去除的酸性气体CO_2和H_2S，因此天然气需再次干燥脱水。再次干燥后的天然气主要含有烃类，包括CH_4，C_2~C_4的烷烃和少量C_5以上的重组分，进行烃类分离，分馏得到CH_4、C_2H_6、C_3H_8、C_4H_{10}和C_5组分组成的液化气。甲烷可送入输气管网输送至下游使用。

73. CNG 加气站类型有哪些？分别具有哪些特点?

答：根据CNG加气站工艺流程的不同，目前加气站可分为CNG常规站和CNG子母站。CNG子母站由CNG母站和子站构成，子站又分为标准子站和液推子站两种。

CNG常规站是指在站内利用城市天然气管网取气，进站气源压力约0.4MPa，经过调压、脱硫、脱水、压缩等生产工艺将天然气加工成25MPa压缩天然气，并为燃气汽车充装CNG的站点。特点是站点的所有生产及销售均集中在站内进行，它适合建在具有城市天然气管网，且加气车辆较多的地点。

CNG子母站是指在具有稳定气源的地点建设的具有调压、脱硫、脱水、压缩等工艺的大型CNG生产站点（CNG母站）。进站压力在1.0~1.5MPa的气源气，经上述步骤生产为25MPa气体后充装到车载储气瓶组内，通过牵引车将车载储气瓶组运送到对各类燃气汽车充装的站点（子站）销售。CNG子母站的特点是不受城市天然气管网的制约，它可以向子站供气，也兼有常规站的功能直接给车辆加气。

CNG子站的气源来自车载储气瓶组，建站面积小，设备相对CNG常规站少，安全性能较高，主要集中在无天然气管网、车流量大的中心城区周边，通过槽车从母站取气，给车辆加气。

CNG标准子站是由车载储气瓶组作为CNG气源，在车载储气瓶组内CNG压力衰减后，经过小型压缩机再次加压，通过优先顺序控制进入储气井或储气瓶组，通过CNG加气机给燃气汽车充气的CNG站点。

CNG液推子站是通过站内的撬装液推装置直接将特殊材质的液体充入车载储气瓶组钢瓶中，将钢瓶内的CNG推出，通过站内的CNG加气机给燃气汽车充气的CNG站点。液推子站为单线充装子站。

74. 天然气作为车用燃料，具有哪些特点?

答：天然气作为车用燃料，具有清洁、环保和低成本的优势，是天然气最有效的利用途径之一。考虑“双碳”目标、能源安全、资源禀赋、经济性等因素，未来天然气将在我国能源清洁低碳转型、新型能源体系建设中发挥重要作用。

75. 加气站气体净化设备有哪些？其具体作用是什么?

答：天然气加气站气体净化设备主要有脱硫塔、脱水装置及在线监测仪器。

脱硫塔采用高效专用脱硫剂对原料天然气进行脱硫净化，高效脱除天然气中所含硫化物，处理后硫含量低于6mg/Nm^3，可避免H_2S对站用设备和车载气瓶造成应力腐蚀，又能防止因H_2S造成汽车尾气排放的再次污染等。

脱水装置主要结构采用整体撬装双吸附塔、全自动工作方式。吸附塔内填装优质分子筛，利用多孔性分子筛对水分子强烈的亲和力，除去天然气中的水分。脱水装置采用加热再生方法，将已饱和的吸附塔中的水分脱去，使吸附塔内分子筛重新获得吸湿能力。

在线监测仪器有水分仪和硫化氢检测仪，实时监测气体水分和H_2S含量；还有可燃气体报警仪，监测环境空气中可燃气体含量。

76. 天然气加气站生产如何保障天然气质量?

答：CNG母站和标准站要定期维护脱水装置，检查干燥剂的污染及破损程度，如有胶结、破损、污染严重的情况应立即更换。

CNG母站和标准站若配有脱硫装置的，则应定期维护和保养脱硫装置，更换脱硫剂，确保装置功能完好。

对在线监测设备进行检定与核查。通过在线监测设备定时对天然气的水露点、硫化氢进行监测，掌握生产运行过程中的气质情况。

77. LNG 加气站分哪几类?

答：LNG加气站分为液化—压缩天然气（L-CNG）子站和LNG加气站。

L-CNG子站是将LNG运送到加气站后，经过汽化与压缩（或带压汽化）之后，转换成CNG进行销售的子站。

LNG加气站是将LNG通过加气机给LNG汽车加气的站点。

78. LNG 运输方式有哪些?

答：LNG运输方式有轮船运输、汽车运输和火车运输。其中轮船运输用于国际贸易，一次运量在（12~16）$\times 10^4 m^3$。汽车运输适用于200~1000km运输，一次运量27~40m^3。火车运输适用于1000~4000km长途运输，采用罐式集装箱，一次运量40~80m^3箱。

79. 天然气有哪些燃烧特点?

答：由于天然气自燃点为538℃，与汽柴油相比，其自燃点更高、安全性更好。常见燃料的自燃点如表3所示。

表 3　常见燃料的自燃点

类别	汽油	柴油	润滑油	天然气
自燃点 /℃	426	350~380	300~350	538

80. 如何判断 LNG 在储存过程中发生分层，如何避免 LNG 分层发生?

答：LNG是多组分混合物，因温度和组分的变化会引起密度的变化，液体密度的差异会使储罐内的LNG发生分层。如果罐内液体垂直方向的温差大于0.20℃、密度差大于0.5kg/m^3，则认为罐内液体发生了分层。

LNG分层的主要原因是充装的LNG密度不同。

81. 为什么说天然气是清洁燃料?

答：燃料燃烧后产生二氧化碳的量即为碳排放量，1kg碳完全燃烧后，理论上会产生3.7kg的二氧化碳。相同发热量情况下，天然气碳排放量为0.61、汽油碳排放量为0.80、柴油碳排放量为0.84、重油碳排放量为0.88、无烟煤碳排放量为1.14。因此，天然气燃烧产物CO_2低、SO_x和NO_x极少、无颗粒物排放，是清洁燃料。

82. CNG 与 LNG 有哪些不同?

答：CNG和LNG均为天然气，仅是状态和能量密度不同，因此在经济性和安全性上存在一定不同。

在经济方面，1.0m^{3}LNG相当于20MPa下2.5m^{3}CNG，1个60L的LNG气瓶质量约为68kg，2.5个CNG气瓶质量约为189kg，LNG气瓶质量轻、体积小、储能大。

在安全方面，LNG是低温常压液体，危险性相对较小；CNG是高压常温气体，危险性相对较大。

83. CNG 可以在哪些领域应用?

答：CNG的应用范围非常广泛，包括城市燃气、工业燃料、交通运输等领域。在城市燃气方面，CNG通过管道输送到城市中心，为居民提供清洁、高效的燃气。在工业燃料方面，CNG可以供给工业企业使用，提高工业生产效率。在交通运输方面，CNG作为汽车、公交车、火车等交通工具的燃料，减少了尾气排放，降低了环境污染。

84. 天然气脱水方法有哪些?

答：水是天然气中常见的杂质组分，水与酸性气体结合会造成设备管线腐蚀，水的析出会降低管输能力、增加动力消耗等。

天然气中的液态水通过分离器可以从天然气中分离出来，天然气中的饱和水需进行深度脱水才能脱除。常用的深度脱水方法有低温冷凝法、化学试剂法、溶剂吸附脱水、固体吸附脱水。

85. 什么是天然气的热值、高热值和低热值?

答：天然气的热值是指单位体积的天然气完全燃烧所放出的热量，也称天然气的发热量，单位是MJ/m^3或MJ/kg。

高热值（高发热量）指单位体积天然气完全燃烧后，烟气冷却到原来天然气温度，燃烧生成的水蒸气完全冷凝出来所释放的热量，有时称为总热值。

低热值（低发热量）指单位体积天然气完全燃烧后，烟气冷却到原来天然气温度，但燃烧生成的水蒸气不冷凝出来所释放的热量，有时称为净热值。

86. 影响天然气爆炸范围的因素有哪些?

答：（1）温度。温度越高，天然气爆炸范围越大。

（2）压力。压力增大，天然气爆炸低限变化不大、高限增加明显。

（3）惰性气体。含惰性气体越多，天然气爆炸范围越小。

87. CNG 加气站系统组成有哪些?

答：CNG母站一般由稳压、计量、天然气净化干燥，天然气压缩，天然气储运，计量售气，放空和排污等系统组成。

88. LNG 是如何生产的?

答：原料天然气进入工厂后，由压缩机加压到一定压力后依次经过脱酸、脱水、脱烃等预处理单元，相继脱除原料气中的硫化氢、二氧化碳、水、汞、重烃等有害杂质和深冷结晶物质。预处理合格的天然气经不同制冷单元逐级冷凝、节流膨胀后，最终达到-162℃深冷状态而呈现液体形态，即LNG，LNG产品再经节流送至储罐。

89. LNG 作为车用燃料，有哪些优点?

答：与传统液体石油类燃料相比，汽车使用LNG作为燃料，具有续航里程长，储存能量大，压力低、噪声低、更清洁等优点，且LNG价格相对便宜。

90. LNG 汽车储存系统包含哪几部分?

答：LNG汽车储存系统包含储液罐、安全阀、充液阀、自增压器、压力控制阀、液位计和压力计等部分。

91. LNG 汽车储罐有哪些特点?

答：LNG汽车储罐为低温储液容器，具有较高的绝热性能和耐高压特性，可以保证LNG正常储存状态和使用安全。

92. LNG 如何在发动机内运转?

答：LNG在储液罐内的温度为-160~-130℃，储存压力低于0.6MPa。当LNG储液罐压力高于0.6MPa时，安全阀打开，迅速放出气态天然气，保证LNG储液罐不被损坏。LNG在储液罐正常压力不低于0.2MPa，当罐内压力低于0.2MPa时，压力控制阀开启，自增压器工作。发动机运行时，LNG储液罐内天然气是气液共存状态，气态天然气由管路送到混合器与空气混合进入发动机。

93. 什么是节流效应?

答：流体经节流装置压力降低，产生绝热膨胀、温度降低的现象，通常称为节流效应。

94. 加气站岗位员工应对站场设备做到的“四懂”“三会”指什么？

答：“四懂”指懂设备结构、懂性能、懂原理、懂用途。

“三会”指会使用、会保养、会排除故障。

95. 加气站如何处理天然气应急事件？

答：加气站发生应急事件后，应第一时间关闭加气站气源阀门，切断气源，关闭加气站电源总开关，切断电源，并按程序逐级上报应急事件。

96. 天然气中控制总硫和硫化物的意义是什么？

答：控制总硫、硫化氢含量是腐蚀性和环保性指标，天然气中的含硫物质燃烧后产物会造成大气污染。硫化物会造成腐蚀，影响使用安全。硫化物和硫化氢极易溶于水而形成酸性溶液，钢瓶内壁与硫化氢水溶液接触，一方面引起点腐蚀，另一方面在钢表面发生阳极反应，产生氢原子，向钢瓶内部扩散，造成氢脆现象。

97. 为什么要将天然气液化？

答：天然气以气态形式储存和运输，体积庞大，压力很高，而LNG的密度相当于气态的600倍，对远距离贸易而言，使天然气以液态形式储存和运输具有很高的经济性。

天然气经过深冷过程，由于硫的成分以固体形式析出、分离，LNG就不含有硫化物，天然气组成会更纯净。

98. CNG 车用气瓶可分为几类？

答：可分为四类。

第一类气瓶是全金属气瓶，材料是钢或铝；

第二类气瓶采用金属内衬，外面用纤维环状缠绕；

第三类气瓶采用薄金属内衬，外面用纤维完全缠绕；

第四类气瓶完全由非金属材料制成，例如玻璃纤维和碳纤维。

99. CNG 汽车的优缺点有哪些?

答：CNG汽车的优点：从环保角度来看，燃烧后污染物排放低于成品油、LPG，略高于LNG；燃料价格相对便宜，其经济性能显著；燃料抗爆性能及安全性好；汽车尾气污染小；不产生积炭及车辆部件损耗小；车辆改装简单，运行平稳。

CNG汽车的缺点：储存的天然气量相对较少，续航里程短，CNG储气罐占用空间大、自重大，造成整车重量增加，影响汽车动力性能。

100. 汽油车型“油改气”有什么利弊?

答：目前来看，汽油车型改装天然气普遍能节省一定的费用支出，天然气在发动机中容易和空气均匀混合，燃烧比较完全、干净，不容易产生积炭，相应地，可以延长机油的使用周期。

“油改气”最明显的劣势就在于动力比汽油车型有损失，这主要是因为燃气单位体积的能量比燃油小，即能量密度比汽油小很多。由于密度小，同等体积的燃气气罐所装载的燃气提供的车辆的续航里程也要小一些。

101. LNG 汽车的优缺点有哪些?

答：LNG汽车的优点：LNG液化时对气体净化要求较高，其燃烧后污染物排放比CNG更低；经济效益显著；燃料抗爆性能及安全性更好。

LNG汽车的缺点：LNG作为汽车燃料，其储存密度能量大大增加，也使整车成本有所增加。

102. LNG 可以有哪些用途?

答：（1）发电。LNG中杂质含量较低，在燃烧过程中不会对环境造成严重污染，所以可将其应用在发电当中。

（2）调峰。LNG非常便于运输和储存，能够克服由于距离、地理及环境因素所带来的影响，从而使得LNG的运输过程更加便利和安全。尤其是对于一些偏远区域和能源短缺的国家，通过LNG的运输，可以达到调峰的效果。

（3）冷能利用。天然气的液化和气化需通过相应技术手段来实现，在液态转为气态时会释放出大量的能量，反之亦然。在这个过程中如果能够通过合理的方式方法来回收热能或冷能，则可以有效提升能量利用效率，节约成本，促进社会经济的发展。

（4）车用燃料。目前石油是车辆的主要燃料，但石油在燃烧过程中会产生有害物质，对环境造成严重污染。而将LNG应用在汽车当中，则能够降低汽车行驶造成的环境污染，同时节约石油资源。

第三章　其他油品知识

103. 我国常用醇类燃料有哪些，醇类汽油具有什么特点?

答：醇类燃料是指含醇的液体燃料，我国的醇类燃料主要指含甲醇、乙醇的燃料。醇类燃料具有辛烷值高、汽化潜热大等特点，燃料本身含氧，可以改善燃烧，降低碳烟排放。

甲醇是无色、易挥发、易燃液体，辛烷值高、抗爆性好，含氧量高，使用甲醇汽油可以降低汽车CO和HC的排放。

乙醇是无色、透明、易挥发、易燃液体，热值较低，抗爆性能好，氧含量高。乙醇在少量水分中易产生相分离。

醇类汽油是将甲醇或乙醇以一定的比例掺入汽油的燃料，通常以M或E加甲醇或乙醇的含量表示，如M85、E10。醇类汽油中的醇含量，直接影响醇类汽油发动机和汽车性能。

104. 我国车用甲醇燃料有哪些?

答：《车用甲醇汽油（M85）》（GB/T 23799—2021）规定，车用甲醇汽油（M85）是由甲醇82%~86%（体积分数）、符合GB 17930—2016要求的车用汽油及改善使用性能的添加剂调和而成的产品。

《M100车用甲醇燃料》（GB/T 42416—2023）规定，M100车用甲醇燃料是由甲醇和添加剂组成的车用燃料。

105. 甲醇燃料具有哪些性质?

答：（1）辛烷值较高。甲醇的抗爆性能较好，与汽油调和后，研究法辛烷值增加。

（2）尾气污染物较少。使用甲醇汽油，发动机CO和HC排放降低。

（3）能量密度低。使用甲醇汽油，发动机油耗随着甲醇的掺入量增加而增加。

（4）腐蚀性。使用甲醇汽油，发动机主要部件有明显的腐蚀磨损。

（5）甲醇对橡胶材料具有一定的溶胀性。

（6）甲醇具有一定的毒性，对人体健康会产生危害。

106. 我国常用的醚类调和组分有哪些，具有什么特点?

答：我国常用的醚类调和组分有甲基叔丁基醚（MTBE）、乙基叔丁基醚（ETBE）、甲基叔戊基醚（TAME）和二甲醚（DME）。

甲基叔丁基醚为无色无腐蚀的液体，可与烃燃料以任何比例互溶，是一种良好的高辛烷值汽油组分，其马达法辛烷值为101、研究法辛烷值为117，在汽油组分中有良好的调和效应，稳定性好，有自供氧效应，可以促进汽油的完全燃烧，提高发动机的热效率。

乙基叔丁基醚比甲基叔丁基醚有更高的辛烷值，抗爆性更佳，沸点比甲基叔丁基醚高，蒸气压低，与汽油混合后，可降低汽油的蒸气压，减少挥发损失，热值高，含氧量适中。

甲基叔戊基醚可以提高汽油的辛烷值，同时也能够降低汽油中C_5烯烃含量。甲基叔戊基醚的沸点较高，添加后可以降低汽油的蒸气压。

二甲醚是一种无色、有轻微醚香味的可燃气体，不含硫和芳烃，能够与柴油互溶，十六烷值较高，具有无腐蚀，污染排放少等特点，是优质清洁的燃料。

107. 什么是生物柴油，有哪些特点?

答：生物柴油主要组成为长链脂肪酸单烷基酯（典型为脂肪酸甲酯），以BD100表示。生物柴油不含芳烃，硫含量低，十六烷值高，闪点较高、润滑性能好，具有可生物降解、稳定性好、污染物排放少等特点。生物柴油可用于柴油调和及生产增塑剂等化工产品。

108. 生产生物柴油的原料有哪些?

答：生物柴油是以大豆、油菜、棉花、棕榈等油料作物，野生油料植物和工程微藻等水生植物油脂及动物油脂、餐饮垃圾油等为原料，通过酯交换或热化学合成，成为可再生的、能量密度高的含氧清洁燃料。

109. 不同原料生产的生物柴油具有哪些特点?

答：随着生物柴油的迭代更新，生物柴油的原料也在不断变化。第一代生物柴油主要采用可食用植物油，包括大豆油、花生油、玉米油等，通过酯交换反应生产。第一代生物柴油可以通过掺混提高炼制柴油的十六烷值，但长期储存稳定性差，与发动机兼容性差，沸程窄，凝点高，在温度低的地区无法使用等，因此不能完全替代石化柴油，需要较低比例掺混。

第二代生物柴油又称氢化植物油脂，由废弃动植物油脂经加氢脱氧反应制成，相对第一代生物柴油来说，具有热值更高、氧化安定性更好，并且可以与柴油任意比例调和等特点，组成和性能更加接近炼制柴油。目前我国生物柴油以第二代生物柴油为主。

第三代生物柴油是以藻类、微藻类为原料合成的，此类原料生长周期短、占地面积小、含油量高，但还未大规模产业化。

第四代生物柴油是基于捕获和利用二氧化碳和太阳能来生产生物质，然后通过与第二代生物柴油原料相同的过程将其转化为生物柴油，因此具有碳中和的特点。目前该领域的研究仍处于起步阶段。

110. 我国 BD100 生物柴油是如何分类的?

答：在《B5 柴油》(GB 25199—2017)中，BD100生物柴油按照硫含量分为S50和S10两个类别，分别指硫含量不超过50mg/kg和10mg/kg的生物柴油。

111. 什么是 B5 车用柴油?

答：在《B5 柴油》(GB 25199—2017)中，B5车用柴油是指体积分数为1%~5%的BD100生物柴油，与体积分数为95%~99%的除润滑性外其余指标满足GB 19147—2016的车用柴油的调和燃料，适用于压燃式发动机汽车使用。

112. 我国 B5 车用柴油(Ⅵ)分为哪几类?

答：在《B5 柴油》(GB 25199—2017)中，B5车用柴油(Ⅵ)按照凝点分为

5号、0号和-10号3个牌号。

113. 使用生物柴油有哪些注意事项?

答：(1)生物柴油黏度大，会影响燃料雾化质量、堵塞供油管路。(2)易被氧化，脂肪酸甲酯含有不饱和键，高温时易发生热氧化，生成胶状物质，堵塞供油管路。(3)生物柴油中的甘油会腐蚀橡胶部件。

114. 什么是生物航空煤油?

答：生物航空煤油是以可再生资源为原料生产的航空煤油。原料主要包括椰子油、棕榈油、麻风籽油和亚麻油等植物性油脂，以及微藻油、餐饮废油、动物脂肪等，经预处理脱除掉含磷、钠、钙、氯等元素的杂质后，通过加氢脱氧得到长链烷烃，再经加氢改质使长链烷烃发生选择性裂化和异构化反应，生成异构烷烃，最终分馏得到生物航空煤油产品。

115. 生物航空煤油有哪些特点?

答：生物航空煤油与传统石油基航空煤油相比，品质相似、性能相近，可满足航空器动力性能和安全要求，部分物理化学性质更优，如净热值大、硫和氮含量低、闪点高等，不需更换发动机和燃油系统，全生命周期温室气体减排50%以上。

由于生物航空煤油不含芳烃，而芳烃含量有利于提高润滑性，且对飞机发动机密封胶密封性具有一定影响，因此生物航空煤油需与石油基航空煤油调和使用。

116. 国际组织如何控制船用燃料油污染物排放?

答：控制船用燃料油中的硫含量是最直接、最有效的减排措施，国际海事组织(IMO)制定了《国际防止船舶造成污染公约》，要求自2020年1月1日起，船舶在海上一般区域航行时，船用燃料油硫质量分数不应超过0.5%。在排放控制区域航行时，船用燃料油的硫含量不应超过0.1%。

117. 我国船用燃料油是如何划分的?

答：根据《船用燃料油》(GB 17411—2015)标准，我国船用燃料油分为馏分型船用燃料油和残渣型船用燃料油两大类。馏分型船用燃料油属于柴油馏分，主要应用于中速船舶发动机。残渣型船用燃料油一般由重油和轻质馏分调和而成，主要应用于大马力中低速船舶发动机，如大型远洋船舶。

118. 什么是 B24 生物船用燃料油？

答：B24生物船用燃料是一种由24%生物柴油和76%低硫船用燃料油调和而成的船用清洁燃油。其中24%来源于国际海事组织的规定。

119. 煤制油技术有哪些？煤制油质量特点有哪些？

答：煤制油就是利用煤炭液化技术，将固体煤炭通过化学加工转化为液体燃料的过程。煤炭液化技术可分为直接液化技术和间接液化技术两大类。

煤直接液化技术是在高温、高压条件下，通过加氢将煤转化为液体燃料。煤直接液化合成油主要由环烷烃组成，硫、氮、芳烃含量低，汽油辛烷值高，柴油十六烷值低，体积热值高，密度大，低温性能好。

煤间接液化技术是将煤先制成合成气，然后生产合成油并进行精制。煤间接液化合成油主要由链烷烃组成，无硫、氮、磷等杂原子，不含芳烃，汽油辛烷值较低，柴油十六烷值高，体积热值小，密度小，运动黏度低，低温性能和润滑性较差。

总之，煤制油是很好的高清洁油品或液体燃料调和组分。

120. 什么是煤液化？

答：煤液化是将煤中的有机质大部分或绝大部分转化为液态产物，最大限度地获得和利用液态的碳氢化合物，生产发动机用液体燃料和化学品。煤液化通常有直接液化和间接液化两种技术路线。

121. 什么是煤直接液化？

答：通过加氢使煤中复杂的有机高分子结构直接转化为较低分子的液体燃料，煤直接液化具有热效率较高、液体产品收率高的特点。主要缺点是煤浆加氢过程的条件相对苛刻。

122. 什么是煤间接液化?

答：煤气化合成气（$CO+H_2$）后经催化剂合成为液体燃料和化学品。具有煤种适应范围较广、操作条件相对温和的优点，缺点是总效率不如直接液化。

123. 煤直接液化馏分具有哪些特点?

答：煤直接液化得到的初始液体产物即液化粗油，保留了液化原料煤的一些性质特点，如芳烃含量高、杂原子含量高、十六烷值低、热值低、密度大、胶质含量高、储存安定性差、不能直接作为柴油使用、必须进行提质加工才能获得符合要求的液体燃料。

经加氢改质的煤直接液化柴油具有低硫、低氮、低芳烃、超低凝点、高安定性、高体积热值、高比热容的特性。

煤直接液化石脑油中环烷烃组分超过70%，芳潜含量达到69%，是制备芳烃和环烷基非燃料油产品的优质原料。

124. 煤间接液化馏分具有哪些特点?

答：煤间接液化柴油的十六烷值很高（70以上），超低硫、氮，芳烃含量小于1%，烯烃含量低。

煤间接液化石脑油中链烷烃含量近95%，大部分为正构烷烃，超低硫，不含芳烃、金属污染物，烯烃选择性和产率高，是优良的烯烃裂解原料。

125. 直接液化柴油与石油基柴油有什么区别?

答：煤直接液化柴油的硫含量、多环芳烃、运动黏度、冷滤点、氧化安定性优于石油基柴油，馏程宽度窄，密度略高于石油基柴油。

126. 间接液化柴油与石油基柴油有什么区别?

答：间接液化柴油的十六烷值、氧化安定性、多环芳烃、运动黏度、密度等优于石油基柴油，但润滑性差、凝点偏高。

127. 我国管道输送航空煤油采用哪种输送工艺?

答：我国管道输送航空煤油一般采用柴油夹航空煤油输送工艺，少部分采用汽油顶航空煤油顶柴油的输送工艺。

128. 什么是生物天然气?

答：以生物质为原料，通过热化学转化或生物化学转化产生的主要含有甲烷的可燃气体为生物燃气，生物燃气经净化或甲烷化工艺生产的主要含有甲烷组分的可再生天然气即为生物天然气。它以甲烷为主要成分，且符合《天然气》(GB 17820—2018)规定。

129. 我国关于生物天然气产品有哪些标准，如何规定?

答：《生物天然气》(GB/T 41328—2022)、《车用生物天然气》(GB/T 40510—2021)和《生物天然气产品质量标准》(NB/T 10136—2019)，适用于以生物质为原料，通过厌氧发酵或热解气化产生的生物天然气。

我国的生物天然气产品标准与《天然气》(GB 17820—2018)保持较高的一致性。《生物天然气产品质量标准》(NB/T 10136—2019)和《车用生物天然气》(GB/T 40510—2021)，两者的质量指标类似。

130. 使用煤制油需要注意哪些事项?

答：煤直接液化柴油十六烷值低，着火滞后期较长，煤间接液化柴油十六烷值高，着火滞后期较短，直接使用煤制油会使油品的燃烧性能变差，发动机功率下降。

煤直接液化柴油与石油基柴油调和时应关注十六烷值、十六烷指数、黏度和密度等指标，间接液化柴油调和时应关注十六烷值、十六烷指数、润滑性和密度等指标。

131. 目前通过认证可生产生物航空煤油的技术路线有哪些?

答：目前通过认证可生产生物航煤的技术路线有费托合成制备生物航煤、油脂加氢脱氧制备生物航煤、糖发酵加氢制备生物航煤、轻芳烃烷基化制备生物航煤、低碳醇制备生物航煤、催化水热裂解喷气燃料和微藻加氢制备生物航煤等7种。

132. 润滑的基本原理是什么?

答：把一种具有润滑性能的物质加到设备机体的摩擦副上，使摩擦副脱离直接接触，达到降低摩擦和减少磨损的手段称为润滑。润滑的基本原理是润滑剂能够牢固地附着在机件摩擦副上，形成一层油膜，这种油膜和机件的摩擦面接合力很强，两个摩擦面被润滑剂分开，使机件间的摩擦变为润滑剂本身分子间的摩擦，从而起到减少摩擦、降低磨损的作用。

133. 润滑剂的主要作用有哪些?

答:(1)润滑作用:减少摩擦、降低磨损;

(2)冷却作用:润滑剂在循环中将摩擦热带走，降低温度防止烧伤;

(3)洗涤作用:从摩擦面上洗净污秽、金属粉粒等异物;

(4)密封作用:防止水分和其他杂物进入;

(5)防锈防蚀:使金属表面与空气隔离开，防止氧化;

(6)减震卸荷:对往复运动机件有减震、缓冲、降低噪声的作用，压力润滑系统有使设备启动时卸荷和减少启动力矩的作用;

(7)传递动力:在液压系统中，油是传递动力的介质。

134. 润滑油的主要成分有什么?

答:润滑油一般由基础油和添加剂两部分组成。基础油是润滑油的主要成分，决定着润滑油的基本性质，添加剂可弥补和改善基础油性能方面的不足，赋予某些新的性能，是润滑油的重要组成部分。

润滑油基础油主要分为矿物基础油及合成基础油两大类。矿物基础油应用广泛，用量很大，但有些应用场合则必须使用合成基础油调配的产品。

添加剂是近代高级润滑油的精髓，正确选用合理加入，可改善其物理化学性质，为润滑油赋予新的特殊性能，或加强其原来具有的某些性能，满足更高的要求。根据润滑油要求的质量和性能，对添加剂精心选择，仔细平衡，进行合理调配，是保证润滑油质量的关键。一般常用的添加剂有:黏度指数改进剂、倾点下降剂、抗氧剂、清净分散剂、摩擦缓和剂、油性剂、极压剂、抗泡沫剂、金属钝化剂、乳化剂、防腐蚀剂、防锈剂、破乳化剂等。

135. 内燃机油有什么作用?

答:内燃机油具有以下作用:润滑与减摩作用;冷却发动机部件作用;密

封燃烧室作用；保持润滑部件清洁作用；防锈和抗腐蚀作用。

136. 什么是多级内燃机油？

答：多级内燃机油是黏度范围可以跨越几个黏度级别的内燃机油，可在一定地区冬夏通用或四季通用。例如：SL10W-30汽油机油，既具有10W油的低温黏度又具有30号油的高温黏度，因而四季可用一种机油，不必因季节变化而更换机油，故称为多级内燃机油。

137. 内燃机油发黑是否需要马上更换？

答：变黑的内燃机油并不意味着已经变质，现在市面上销售的正规品牌内燃机油的质量都是有保证的，能在高温条件下保持润滑功能。

一般来说，加入新的内燃机油后，机件上的油泥和积炭等沉积物分散于油中，一定时间后会导致内燃机油的颜色变黑。

有经验的司机会通过内燃机油的黏度来判别是否需要更换，而非观察到内燃机油颜色变黑，就断定需要更换。

138. 换内燃机油是看里程还是看保质期？

答：正常情况下，车主可以根据内燃机油使用里程和保质期，来确定是否需要更换。

通常，矿物内燃机油5000km更换，半合成内燃机油7500km更换，全合成内燃机油10000km更换。在经常堵车或高温、寒冷等用车环境下，应该缩短更换周期。

此外，如果内燃机油超过其有效期限，即使没有达到更换周期的里程也应该更换。

139. 是不是越贵的内燃机油质量就越好呢？

答：内燃机油并非越贵就越好，选择适合自己车辆的内燃机油才最重要。

最简单的方法是参照购车时配给的车辆保养使用手册，按照手册上要求的内燃机油类型进行更换即可。

不需要盲目追求高价位内燃机油，以免浪费钱。只有对于一些行驶里程比较长的老旧车辆，车主可以适当增加使用的内燃机油的黏度，填补长年磨损产生的间隙，提升其气密性。

140. 小包装的内燃机油添加剂是否有用?

答：目前，市面上流行各种小包装内燃机油添加剂，都宣称能有效降低机件磨损，降低油耗，已经有不少车主跃跃欲试。

内燃机油添加剂不能随意添加，内燃机油和添加剂之间可能存在不相溶或发生化学反应的情况。若车主往内燃机油中加入不适合的添加剂，则会导致内燃机油润滑性质改变。不仅不会降低机件磨损，反而对车辆造成更严重的伤害。

141. 不按规定加注内燃机油可以吗?

答：即使是使用了正确的正品内燃机油，如果不按规定加注也有可能导致车辆出现问题。

应该按规定量添加内燃机油，如果内燃机油过少，则会润滑不足，导致拉缸；如果内燃机油太多，则会影响车辆动力，增加油耗。

142. 内燃机油颜色的深浅能反映其性能吗?

答：内燃机油颜色取决于基础油及添加剂的配方，不同的基础油和添加剂配方会使内燃机油表现出深浅不同的颜色。

内燃机油的性能是通过一系列发动机台架试验及实车路试来评定的，这些测试从氧化、腐蚀、沉积物、黏环、油泥、擦伤、磨损等多个方面来测试内燃机油的性能。

143. 易变黑的内燃机油就一定不好吗?

答：不一定，有些优良的内燃机油含有能够溶解发动机内部积炭的添加剂，所以容易变黑，但对内燃机油的性能没有影响。

144. 为什么要定期更换内燃机油?

答：内燃机油在运行中会逐渐变质，主要原因有：

(1)燃烧副产物：如水分、酸性物质、烟炱、积炭等。

(2)燃油稀释。

（3）内燃机油本身的高温氧化变质。

（4）灰尘及金属颗粒。

这些物质都容纳在内燃机油中，同时，内燃机油中的添加剂也会随着使用过程不断消耗。不按期更换内燃机油，会显著降低内燃机油对发动机抗磨的保护作用。换油不但可以排除油里面的污染物，还可保证内燃机油中的成分保持在合理水平。

145. 导致润滑油性能下降的原因有哪些?

答：（1）添加剂消耗，使润滑油整体性能下降。在内燃机油使用过程中，油品在热、氧气、有害污染物及金属催化等作用下出现性能下降，并产生对车辆有害的物质。添加剂一方面使油品劣化的速度减慢；另一方面与有害物质发生作用，从而降低其危害性。这两种作用都会消耗添加剂，使油品的性能下降，直至不能保证车辆的正常润滑。

（2）油品由于不断氧化作用，部分氧化产物为固体沉淀，润滑性不佳，导致润滑油性质改变，甚至失去润滑性能。

（3）灰尘、水、有害气体等外来污染物进入润滑油，污染物不断积累，使油品越来越“脏”，妨碍车辆正常运行。

（4）其他因素，如设备维修规范的要求、突发事件等。

146. 换内燃机油时为什么放出来的内燃机油很稀?

答：换内燃机油时，通常会在内燃机充分预热后进行，内燃机油黏度是随着温度升高而下降的，因此放出来温度较高的内燃机油，其黏度要比常温下的黏度小，这属于正常现象。

但当温度降到室温后，内燃机油黏度仍然很低，很可能是内燃机油使用过程中受到燃油稀释所致。

147. 质量档次高的润滑油换油周期就长吗?

答：内燃机油质量等级升级换代的主要推动力是排放法规的不断严格和节能要求的不断提高，升级的过程大致如下：排放法规和节能要求的升级→为符合新排放法规及节能要求，对原发动机进行技术改造而产生新一代发动机机型→

原润滑油不能满足新发动机机型使用要求，提出新的润滑油性能要求→用新的发动机机型开发评定新的润滑油性能的新的台架试验方法→以新台架试验方法作为工具，开发新一代内燃机油。

由上可知，开发更高质量等级的内燃机油是为了满足新型发动机的使用要求，其主要目的不是延长换油周期。

148. 如何判断内燃机油的等级?

答：S表示汽油发动机油，其后的字母表示级别，从API SE、SF、SG、SH、SJ、SL，第二个字母越往后，油品档次越高。

C代表柴油发动机油，其后的字母表示级别，从API CC、CD、CE、CF、CF-4、CG-4、CH-4，字母越往后，油品档次越高。

0W、5W、10W、15W、20W、25W等代表油品的使用温度范围，数字越小代表其低温流动性越好，能在较低的温度情况下使用。

20、30、40、50、60代表发动机在100℃时的黏度，数字越大其黏度越高。5W40称为多级油，代表此油在低温下黏度符合5W要求，100℃黏度符合40号的要求。

149. 与相同质量级别的单级油相比，多级油具有什么优点?

答：(1)具有良好的低温启动性。多级油在低温下的黏度比单级油的黏度要小，所以多级油在气温较低时，具有良好的低温流动性，能使发动机顺利启动。

(2)具有良好的热启动性和抗磨损性能。多级油有较小的低温黏度和较大的高温黏度，在100℃以上的使用条件下，多级油比单级油的黏度大，油膜保持很好，尤其是发动机在高温转动一个时期后，暂时停机，而后在短时间内重新启动，单级油此时会从汽缸壁较快流失掉，油膜破坏，产生较大的机械磨损。为减小磨损，保持良好润滑，最好选用多级油。

(3)能节省燃料，降低燃料的消耗。节油的原因是多级油中加入了改善润滑油流动性能的添加剂，与使用同样黏度的单级油相比，能节省2%~3%的燃料。

150. 内燃机油使用中会发生发黑的现象，能说明机油的质量不好吗？

答：发动机在工作过程中，受到高温、空气、金属催化等作用影响，易形成漆膜、积炭等物质。质量好的机油具有一定的清净分散性，将这些物质从发动机上清洗下来，悬浮在油中，而不是沉积在油底壳、油路等部位，因此内燃机油虽然看起来变黑了，但并没有失效，不能简单据此判断油品质量不好。

151. 矿物油与全合成润滑油有何不同？

答：矿物油是原油提炼过程中，在分馏出有用的组分（如石脑油、柴油、蜡油等）之后，剩下的塔底油再经提炼而成。无论提炼技术如何先进，都无法将其中不良物质、杂质去除殆尽。

全合成润滑油的基础油，是由烃类、酯类、醇类、醚类等化工原料经提纯、单体制备、聚合、精制等繁杂的物理和化学工艺生成的以大分子为主要成分的一大类基础油，其中包含有机酯类、聚醚类、全氟类、硅酸酯类、磷酸酯类、合成烃类、PAO（聚 α-烯烃）类等常见类别。通常，全合成基础油具有黏温性好，低温流动性好，热氧化稳定性高、挥发性低、耐辐射性好等诸多优点。生产的全合成润滑油能应用于许多矿物油无法应用的场景，如能满足航空航天、核电、极寒、高海拔、高负荷等诸多苛刻条件下的润滑、密封、清净分散、防锈、散热等要求。

152. 车辆正常行驶时机油灯闪，有可能是什么原因？

答：（1）机油量不足，应补加机油；

（2）如机油温度过高，则凉车，送维修点检查导致机油温度升高的原因；

（3）检查机油气味是否异常，如有异味应送检；

（4）检查机油颜色及黏度，发现乳化或黏度严重变小，应更换机油。

153. 发动机低转速正常而高转速时机油灯闪，有可能是什么原因？

答：（1）机油抗剪切性能差；

（2）集滤器附近储油量不足；

（3）限压阀弹簧弹性不足，泄油量大；

（4）润滑油系统内油封渗漏；

（5）机油感应塞或机油表电路失灵。

154. 发动机高转速正常而低转速时机油灯闪，有可能是什么原因？

答：（1）集油器或滤芯堵塞；

（2）曲轴磨损或轴瓦松；

（3）机油泵磨损或驱动不良；

（4）油路不畅，机油黏度大；

（5）限压阀失灵；

（6）机油感应塞或机油表电路失灵；

（7）机油泵磨损且机油黏度小；

（8）机油路有漏油点。

155. 车辆启动时机油灯闪，着车困难有可能是什么原因？

答：（1）较低的环境温度下，燃料油的挥发性与流动性变差；

（2）发动机油黏度大，流动性不好；

（3）蓄电池电解液的相对密度增大，电解液流动性降低，蓄电池效率降低，故不易启动；

（4）各润滑部位的油脂黏度增大，增加了启动阻力。

156. 发动机噪声大的可能原因有哪些？

答：（1）机油压力正常，机油黏度大时，发动机噪声大；

（2）机油压力正常，机油道有堵塞时，发动机噪声大；

（3）机油压力正常，机械零件松动时，会增加噪声；

（4）机油压力不足，润滑不良会导致噪声大。

157. 机油消耗过大的可能原因有哪些？

答：（1）机油通过活塞环–气缸的间隙窜到燃烧室，进而燃烧或挥发到大气中；

（2）机油通过气门导管油封窜进燃烧室或排气管，进而燃烧或挥发到大气中；

（3）通过曲轴箱曲轴油封漏到外面；

（4）通过曲轴箱通风系统，使其轻组分挥发到大气中；

（5）涡轮压气机油封渗漏；

（6）曲轴箱放油口、汽缸垫、气缸盖垫渗漏；

（7）PCV（曲轴箱强制通风系统）正增压强制曲轴箱换气发动机，单向阀失灵会导致曲轴箱压力增高，发动机油反窜进入燃烧室，进而燃烧或挥发到大气中。

158. 如何选择内燃机油?

答：（1）根据车厂或服务站推荐；

（2）根据车况；

（3）根据环境温度。

159. 如何检查在用内燃机油的质量状况?

答：（1）外观：①油样呈乳白色或呈雾状，表明内燃机油进了水；②油样变为灰色，可能被汽油所污染；③油样变为黑色，是燃料不完全燃烧的产物所引起。

（2）气味：①出现刺激性气味，表明内燃机油被高温氧化；②出现很重的燃油味，表明被燃油严重稀释（用过的内燃机油有少量燃油味正常）。

（3）油滴斑点试验：取一滴内燃机油滴到滤纸上，观察斑点的变化情况。

①内燃机油迅速扩散，中间无沉积物，表明内燃机油正常；②内燃机油扩散慢，中间出现沉积物，表明内燃机油已变脏，应及时更换。

（4）爆裂试验：把薄金属片加热到110℃以上，滴一滴内燃机油，如油爆裂证明内燃机油含有水分，这个方法能检测含水量0.2%以上的内燃机油。

160. 内燃机油报警灯亮有哪些原因?

答：内燃机油报警灯亮主要是由于润滑系统油压不足，通常有以下原因：

（1）油底壳内油量不足，并检查是否有密封不严造成内燃机油泄漏。

（2）内燃机油受到燃油的稀释或发动机负荷过重工作温度太高，导致内燃机油黏度变小。

（3）油道堵塞或内燃机油过脏，导致润滑系统供油不畅。

（4）内燃机油泵或内燃机油限压阀或旁通阀卡滞，导致工作不良。

（5）润滑部件的配合间隙过大，如曲轴主轴承颈与轴瓦、连杆轴颈与轴瓦磨损严重，或轴瓦合金剥落，造成间隙过大，使内燃机油泄漏量增加，降低了主油道的内燃机油压力。

（6）内燃机油压力传感器工作不良。

（7）没有正确地根据气候和发动机的工况选择内燃机油的黏度。选用过低黏度的内燃机油使润滑部件的内燃机油泄漏量增加，使得主油道压力变低。选用过高黏度的内燃机油（特别是冬季），引起油泵泵油困难或内燃机油过滤器通过困难，使得系统内燃机油压力变低。

内燃机油报警灯亮，应立即停车检查，避免造成润滑部件损坏。

161. 如何判别烧机油?

答：（1）查看尾气排放是否有冒蓝烟现象。

（2）检查是否经常烧机油（漏油除外）；内燃机油在发动机高温、氧化等状况下，会存在一定损耗，此情况易误以为是烧机油。

（3）机油加多导致的烧机油。

（4）通过降低压缩比，查看发动机动力是否正常下降的方法，能判别是否烧机油。该方式为传统法丈量，即施加缸压。如果缸压不足，那么至少说明活塞环存在密封不良现象，也可以依据缸压状况推断出烧机油的严重水平。

162. 导致烧机油的缘由有哪些?

答：（1）冷车烧机油：在汽车温度尚未完整热起来时，发动机排气管排出许多蓝烟，但热车后正常。此现象是气门油封老化导致。由于温度的降低，由橡胶构成的气门油封硬化导致无法完整密封，内燃机油从气门处漏入燃烧室后出现上面的现象。

（2）热车烧机油：在汽车到达正常温度后，排气管仍然排出蓝烟，这说明活塞环密封不良。由于活塞环密封不良，内燃机油在机油泵的作用下直接经过活塞环漏点进入燃烧室，也会出现排气管冒蓝烟的现象。

163. 如何合理选择润滑油的黏度?

答：润滑油黏度是润滑油十分重要的性质，合理选择润滑油黏度是对发动机实施正确润滑的关键。黏度过大时流动性不好，发动机启动后摩擦面长时间得不到充分润滑，启动磨损加剧，同时润滑油对摩擦面的冷却、清洗作用也变差。相反，黏度过小则会影响润滑油膜的形成，承载力减弱，且对发动机气缸的密封、保护不利，因此润滑油黏度级别的选择应高度重视。由于润滑油的牌号是根据黏度来划分的，因此应正确选择润滑油牌号，选择依据是当地环境气温。

在润滑油黏度的选择上，受传统用油观念的影响，许多人片面地认为高黏度的润滑油能形成较厚的油膜，因而能增强润滑效果，减少磨损。这是应该消除的误区，因为只有润滑油的润滑作用在流体润滑的范围内时，润滑性才主要取决于黏度，在混合润滑的条件下，决定润滑作用的除黏度外还有润滑油的化学性质，而在边界润滑的状态下则完全取决于润滑油的化学性质。因此，在保证可靠润滑的前提下，应尽可能选择黏度较低的润滑油。

164. 内燃机油黏度等级对使用性能的影响有哪些?

答：在选用相同的基础油和复合添加剂的前提下，内燃机油的黏度对其低温性能影响显著，高黏度等级润滑油温度较低时黏度增加较快，影响发动机的低温启动并加剧磨损。较高的黏度可以减小内燃机油的蒸发损失，对高温清净性影响不大。此外，高黏度的内燃机油有利于摩擦表面油膜的形成，改善润滑，但较大的内摩擦力，会导致能耗的增加。

165. 不同润滑油可以代替使用或混合使用吗?

答：不同种类的润滑油有其使用性能的特殊性或差别。因此，要求正确合理选用润滑油，避免代用，更不允许混用。

但是，在油品供应不及时或市场缺乏合适的品种，必须用其他油品进行代替或混合使用时，应遵守下列原则谨慎选用：

（1）质量等级相同时，使用温度范围宽的可代替使用范围窄的油品。如要求使用SL30级内燃机油时，可用SL10W/30代替；要求使用SL30、SL40或SL20W/40级润滑油时，可用SL15W/40代替。

（2）在性能上只能以质量等级高的代替质量等级低的（一般高出一档为宜），绝不能以低档油代替高档油，否则会因抗磨性、高温清净分散性及高温抗氧化性不足而导致发动机早期磨损。

（3）尽量不要将不同生产厂家的油品混用。如必须进行混合使用时，不同生产厂家的同类油品在混用前，应先做混合试验。

需特别指出的是代用和混用不应提倡，仅可作为临时措施，且在使用代用油品或混用油品时应注意经常检查发动机润滑油的工作情况，以保证不致因润滑不当引发事故。一旦有原说明书要求的油品时应立即换回。

166. 内燃机油添加多少对车辆有影响吗?

答：加注内燃机油要适量。油量不足时会加速润滑油变质，甚至会因缺油而引起零部件的黏结与异常磨损。但如果内燃机油加注太多了，也会产生一些副作用，原因有两个：一是内燃机油过多会从气缸和活塞的间隙中窜进燃烧室产生积炭；二是增大了曲轴连杆的搅拌阻力，使燃油消耗增大。试验表明，加油量超过标准1%时，燃油消耗会增大1.2%。因此，加油必须遵循“少量勤加”的原则，使油平面始终保持在刻线的2/4~4/4。

167. 使用润滑油过程中油品变黑是否正常?

答：润滑油品发黑的原因有三：一是润滑油变质。二是零件磨损。三是杂质进入润滑油箱。如果使用过程中无杂质进入油箱，则可以认为润滑油本身质量有问题，应更换油的品牌，润滑油使用一段时间后颜色略有加深属正常，但不应变得很黑，内燃机油除外。

168. 旧设备可以用差一些的油吗?

答：一般情况下，设备的磨损件是经过表面处理的，因此零件表面硬度较高，不易磨损，但零件内部较软，旧设备有的零件表面已有磨损，因此用较差的润滑油会加速零件的磨损，所以不建议使用较低级的或较差的润滑油。

169. 为什么其他油品不能代替齿轮油?

答：无论是用抗磨液压油、导轨油、汽轮内燃机油（透平油）还是用普通机械油代替齿轮油，都是不正确的，因为动力都是通过齿轮组变速传动的，齿轮齿面上的啮合线承受了巨大的负荷，要求齿轮油具有极压性，而其他油品不含极压添加剂，起不到保护齿面的作用，会导致齿面产生点蚀、断裂等现象。

170. 只要黏度相同，不同类型齿轮油可以相互替代吗?

答：不可以。齿轮油级别有高低之分，重负荷齿轮油可以替代轻负荷齿轮油，相反则不可以，目前国产普通齿轮油多属中负荷或以下齿轮油，不适合高速高负荷设备使用。

171. 润滑油发白是怎样造成的?

答：一般情况下，润滑油发白是由于油箱进水后，产生乳化现象，应避免水进入润滑油箱体或避免雨水进入已开封的油桶中。具体操作中，应检查设备油封是否损坏，换油时检查箱体内是否有水，油桶是否存放在避雨的地方。

172. 有人认为只要设备有油就行，使用哪种润滑油并不重要，市场上随便买一些就可以使用，对吗?

答：绝对要重视润滑油的使用，润滑油好比人体的血液，不良的润滑油将损坏设备，不同的润滑油含有不同的添加剂以满足设备不同部位的需要，例如：抗氧剂防止油品氧化，防锈剂防止设备生锈，抗磨剂降低设备磨损等。

173. 使用期满后更换下来的润滑油是否可以再用?

答：将换下的油经沉淀处理后重复使用是不妥当的。因为润滑油品经使用后各项性能都会降低，使用换下的油品相当于使用不合格产品，会给零件带来不可逆的损伤。

174. 换油期到时，可否采用放去一部分润滑油再加入部分润滑油的方式?

答：不可取。应该尽量将旧油放尽。因为用过的润滑油和新的润滑油混合在一起相当于降低了润滑油级别，将大大缩短润滑油的使用期限。

175. 进口设备使用的润滑油如何选用替代油品?

答：进口设备一般都有推荐润滑油产品，从方便或经济方面着想可以在国内寻找替代产品，但一定要慎重，型号一定要选对，有的油品有些特殊要求，建议咨询润滑油专业单位。

176. 只要油换得勤，差一点的润滑油也可以使用，对吗?

答：不对，使用低级润滑油将会破坏摩擦件的摩擦表面，零件的硬度层被破坏后会加深零件的磨损，而硬度层的破坏是无法弥补的，其表面变得粗糙而更易引起磨损，产生恶性循环，严重时可能导致零件或设备报废。

177. 润滑油的运动黏度是什么意思?

答：简单地说，润滑油的运动黏度是指其在一定条件下流动的速度，黏度会随温度变化而变化。目前国际上采用40℃或100℃条件下的黏度作为标准。

178. 润滑油黏度高是否说明润滑油质量好?

答：不一定。一般情况下，摩擦部件运行速度越高，其表面所受的负荷就可能小一些，则相配的润滑油黏度就越低（如锭子油），反之，则相配的润滑油黏度就越高（如齿轮油）。应当遵照设备供应商对润滑油的选用建议。在润滑油质量要求中，除黏度外还包括很多其他指标，因此，不能仅用黏度来评价润滑油的质量。

179. 设备运行中，润滑油起泡是怎么回事?

答：一般是润滑油质量问题，合格的润滑油使用过程中不应出现大量泡沫，用户不应使用极易产生泡沫的润滑油。混油也可能引起泡沫，因此要注意避免两种以上性质的润滑油混用。

180. 黏度指数是什么意思?

答：任何润滑油温度变化黏度都会发生变化，黏度指数是确定油黏度随温度变化的变化率的指标。油品黏度指数越高，黏度随温度变化越小，工业润滑油黏度指数一般为90以上。

181. 新机器为什么有磨合期?

答：一般情况下，新的机器在最初使用阶段，由于零部件加工精度不可能100%精确，因此，零部件表面工作配合过程中就有受力不均现象，会发生一定的磨损，即所谓的磨合期磨损。

根据经验，不少设备供应商规定磨合期至少为一个月。机器经磨合期运转，零件之间配合更为和谐，机器运转更为平稳。但由于有一定量的磨损颗粒存在于润滑油中，因此，润滑油需更换，否则，磨损下来的颗粒会造成机器零件继续磨损，导致设备的使用寿命缩短。虽然润滑油在磨合期只使用一个月，但有的用户错误地认为反正只使用一个月，随便使用什么机油都可以。需注意，磨合期一定不要用质量差的润滑油。

182. 新设备磨合期过后，是否必须将润滑油换掉?

答：必须将润滑油换掉。因为新设备最初运行中会产生较多金属颗粒存在于润滑油中，这些金属颗粒又会加剧零件磨损。

183. 磨合期为什么要用优质的润滑油?

答：（1）机器的不同部位对润滑油有不同的要求，磨合期并未降低对润滑油性能的要求，相反，对润滑油性能要求更高。机器磨合阶段，由于零件机械加工的误差，零件表面所受的冲击力更大，更需要优质润滑油保护零件工作表面不受损坏。

（2）磨合期只需要将机器零件之间工作配合不和谐的部分磨损掉，如果使用劣质润滑油导致零件表面大量磨损，会使设备寿命大大缩短。①一般零件经表面热处理，零件表面硬度较高，零件内部硬度较低，如果使用性能较差的润滑油损坏了零件表面的硬度层，会使零件快速磨损。②磨损损坏是不可逆的，一旦磨损无法修理，只能更换零件。

184. 零件磨损主要是零件加工或材质问题，润滑油是次要的吗?

答：不对。零件磨损与零件材质、加工精度、热处理都有关，但正确使用润滑油同样非常重要。同样的设备，有的用户使用年限长、有的使用年限短，有的用户零件更换率高、有的更换率低，都与使用润滑油和润滑油质量有直接关系。

185. 油封的寿命是否与使用润滑油有关?

答：油封的寿命与润滑油的使用有直接关系。有的用户发现，设备运行不到半年油封就坏了。劣质润滑油的使用是油封损坏的主要原因之一，劣质润滑油抗磨性较差，会直接导致轴、轴瓦、轴孔的磨损，从而使零件间的配合间隙增加，造成轴的横向振动，油封在轴的不平稳运行中就会很快损坏，而这种损坏是无法挽救的。即便更换新的油封，在磨损的零件上继续使用又会很快损坏，因此一定要注意选用优质润滑油。

186. 为什么提倡使用优质润滑油?

答：润滑油好比机器设备的血液，性能优异的润滑油能使机器健康运转，反之劣质润滑油的使用，就好比机器得了血癌，会造成不可逆的机器零件磨损、寿命缩短。因此，使用优质润滑油是非常重要的。市场上润滑油种类繁多，且有一定比例的假冒伪劣产品，如果使用了劣质润滑油，会对用户造成巨大损失。

第四章　燃烧及排放知识

187. 什么是车用燃油清净剂？清净剂的功能是什么？

答：车用燃油清净剂是在燃油中添加和使用的、用于抑制供油系统产生积炭和沉积物，并可清洗已生成积炭和沉积物的高分子无灰表面活性物质。车用燃油清净剂经常复合少量的抗氧化、防锈、金属减活、破乳化等添加剂，所以也被称为车用燃油多效复合清净剂。

发动机在运行过程中，汽油中的不稳定组分会在100℃高温下的喷油嘴和200~300℃高温下的进气阀表面形成积炭。

清净剂能够自动清洗发动机供油系统的积炭和沉积物，保持喷油嘴、进气阀和油路清洁，具有抗氧化、防锈、金属减活、破乳化性能，防止发动机部件腐蚀和油水乳化，使汽车易启动，提速快，怠速平稳，行驶强劲，节省燃油，减少供油系统维修频率，延长发动机寿命，可以明显降低有害气体排放。

188. 对于使用“燃油宝”的效果，多数消费者表示有效，但也有部分消费者表示效果并不明显，那为何会产生这样的差异呢？

答：真正的“燃油宝”，如果规范使用，肯定有效果。如果没效果，有两种可能，一是买到了假的“燃油宝”，二是使用的方法有问题。

目前市场上销售的“燃油宝”有些是假冒伪劣，或者以次充好，尤其是价格特别便宜、假冒伪劣产品，不但没有作用，还可能导致发动机受损。

一些消费者称用了没有效果，可能是买到了假冒伪劣产品。另外，有的消费者的车辆刚购置不久，行驶里程较短，发动机内部的积炭较少，使用后自然感到效果不明显，但连续使用“燃油宝”能够很好地抑制积炭的形成，会使发动机一直保持在良好的状态，这一点，消费者直观感受不明显。

消费者应掌握“燃油宝”的正确使用方法。由于旧车发动机内部的积炭很多，“燃油宝”清洗积炭需要一个过程，一般连续使用3~5瓶后，才能明显地感觉到效果，若仅使用一瓶，不能完全清除积炭，因此消费者感觉效果不明显。如果不使用“燃油宝”，汽车发动机内部又会产生积炭。

189. 如果误加了假冒的“燃油宝”会有什么危害?

答：真的“燃油宝”由很多有效成分组成，例如清净剂、防锈剂等。而假的“燃油宝”中加入了一些不明的成分，或者没有添加防锈剂，使用后就可能使发动机遭受腐蚀，而一旦腐蚀出现，整个发动机和进气系统等都将产生严重问题。

190. 为什么清净剂类产品（“燃油宝”）不在炼油环节添加，而在油品销售环节中添加呢?

答：如果在炼油环节添加，成品油经过多次储存、运输环节，会使清净剂与管道、油罐、油罐车等容器内壁上的沉积物混合吸附，造成有效组分的消耗，因此，尽量在油品销售环节添加使用。

191. 为什么使用“燃油宝”后个别车辆会出现车身抖动、供油不畅、排气管冒黑烟等现象?

答：长期使用的车辆，在喷油嘴、进气阀、节气门等油路系统会形成沉积物、积炭等物质。此类物质，如不经过专门的保养处理，将无法从油路系统中去除。在初次添加“燃油宝”后，清洗下来的沉积物、积炭一部分会溶解在油中，一部分以固体形态进入油中。随着油品的流动，固体或黏稠液体可能积聚在油路系统的瓶颈部位或过滤网，产生局部堵塞，造成供油不畅，进而造成车辆抖动。溶解在油中的积炭是芳烃、烯烃聚合物或重质组分及杂质的混合物，汽油中短期混入大量此类物质，会出现燃烧不完全的情况，使排气管冒黑烟。

出现这些现象均说明“燃油宝”真正起到了清洗作用，不会损害车辆。随着使用几箱含“燃油宝”的燃油，这些现象会逐渐消失。

192. 为什么有些车辆添加“燃油宝”后没有明显感觉?

答：行驶里程少的车辆或者经常使用燃油清净剂类产品的车辆发动机中积炭很少，虽然使用“燃油宝”前后感觉效果不明显，但是，已经抑制了发动机内积炭的生成，使发动机保持在良好状态，起到了保养功效。

如果是使用1~2年或更久的车辆或者行驶里程长的车辆，在使用“燃油宝”清除积炭后，发动机恢复到原有的优化的燃油雾化状态和点火能量，从而恢复发动机原有的功率和油耗水平，这时驾驶人员能够有明显感觉。

同时，“燃油宝”是缓慢发挥清洗作用的，如果作用过强反而会因清洗下来的物质过多而堵塞油路。另外，仅使用一瓶不能完全清除积炭，通常需要连续使用几瓶“燃油宝”之后积炭才能被清除，这时驾驶人员就会感到车辆加速性能、冷启动性能有明显改善。

193. 油品质量升级后还有必要使用燃油清净剂（“燃油宝”）这类产品吗?新车需要使用“燃油宝”吗?

答：我国汽、柴油质量不断升级，主要是降低硫含量、烯烃、芳烃等指标，而烯烃、芳烃作为汽柴油的主要组分，不会完全从油品中脱除。在汽车长期行驶过程中，烯烃、芳烃会生成胶质、沉积物和积炭等物质，附着在油路系统和燃烧室内，对发动机的运行和排放造成影响。如果要清除或抑制发动机中产生的积炭，就必须使用燃油清净剂（“燃油宝”）这类产品，所以油品升级后仍有必要使用有效的燃油清净剂（“燃油宝”）。

许多汽车生产厂商在使用说明书中或保养手册中推荐使用燃油清净剂（“燃油宝”），车主可以根据车辆的实际使用情况选择使用燃油清净剂（“燃油宝”），为车辆提供进一步的养护，不论新车还是旧车都应该使用有效的燃油清净剂（“燃油宝”）。

194. 消费者如何选购汽油清净剂?

答：目前，我国车用汽油标准中未规定加油站销售的汽油中需加入汽油清净剂，车主只能购买小包装汽油清净剂自行添加。

（1）看包装标识，注意产品适用范围，并留意包装标识中建议的添加量。

（2）看执行标准，目前我国车用汽油清净剂执行标准为《车用汽油清净剂》（GB 19592—2019），已于2020年5月1日起实施。

（3）看保质期，超保质期的清净剂产品不宜使用。

195. 柴油中加入清净剂对其储存有什么影响?

答：在柴油中加入清净剂之后开展了43℃储存试验，试验结束后测定其胶质和总不溶物含量。试验结果发现，清净剂对柴油的储存安定性影响有限，且不同清净剂影响不同，部分清净剂的加入可以减少胶质和总不溶物的生成，延长柴油储存寿命。而且在实际情况中，清净剂一般是直接加入车辆油箱中，油库在长期储存过程中是不添加清净剂的，所以清净剂不影响柴油储存安定性。

196. 什么是柴油车尾气处理液？为什么需要使用柴油车尾气处理液?

答：柴油车尾气处理液，欧洲称为AdBlue，美国称为DEF，我国称为车用尿素液，专指符合《柴油发动机氮氧化物还原剂　尿素水溶液（AUS32）》（GB 29518—2013）标准要求的，用于满足柴油车国Ⅳ和国Ⅴ排放法规所使用的尿素水溶液，其尿素浓度为32.5%。

为了满足日益严苛的排放法规，柴油车生产商选用选择性催化还原（Selective Catalytic Reduction，SCR）系统处理尾气中NO_x，此系统使用的还原剂为尿素水溶液，使用SCR技术的柴油车尾气中NO_x和颗粒物排放显著降低。

197. 车用尿素液处理尾气的工作原理是什么?

答：其工作原理大致是：尾气从涡轮机出来后进入排气管，排气管上安装有尿素计量喷射装置，喷入尿素水溶液，尿素水溶液和尾气中的NO_x在SCR反应罐中发生氧化还原反应，生成氮气和水排出。SCR系统中的尿素剂量最终由发动机管理系统控制，尿素液的喷入量必须与NO_x的浓度相匹配。

198. 尿素含量对 SCR 系统有什么影响?

答：在SCR系统中尿素作为NO_x的还原剂，其溶液中含量直接影响NO_x的转化效率。当尿素浓度过低（≤28%）时，喷射尿素的量不足以将尾气中的NO_x还原，会造成尾气排放不达标。当尿素浓度过高（>35%）时，尿素喷射量过多会造成NH_3泄漏，带来二次环境污染。

199. 加了柴油车尾气处理液会增加油耗吗?

答：加了柴油车尾气处理液不会增加车辆油耗。市面上常说，车用尿素液使用量为燃油消耗量的4%~6%，这里需要注意的是4%~6%，是指消耗100L的燃油，需要消耗4~6L的车用尿素液。也就是仅消耗车用尿素，而不消耗燃油，因此不会带来油耗的增加。

200. 为什么不加车用尿素液后油耗会升高?

答：如果不加车用尿素液，发动机功率会因行车电脑限值而降低。当发动机功率下降后，在超车或爬坡时，需提前使用较大油门开度。例如，发动机功率未受限时，行驶至坡底，使用正常油门可以到达坡顶，但功率受限，则需提前1~2km提速，利用惯性加发动机动力上坡，那么，提前加速获取惯性的能量，带来的是额外的油耗，长期累积，总体油耗一定会比不使用车用尿素液时更高。

201. 尾气排放为国Ⅵ（或国Ⅴ）标准的带有SCR系统的重型柴油车使用国Ⅵ车用柴油以后是否还需要使用柴油车尾气处理液?

答：设计为国Ⅵ（或国Ⅴ）排放标准的重型柴油车要达到合格排放要求，除了使用符合要求的车用柴油外还必须同时使用柴油车尾气处理液，否则，不但排放不能达到国Ⅵ（或国Ⅴ）要求，还会增加有害气体排放，降低动力，增大油耗。所以柴油车尾气处理液是达到合格排放的必备消耗品。

即国Ⅵ（或国Ⅴ）重型柴油车+国Ⅵ车用柴油（或以上）+尾气处理液=国Ⅵ（国Ⅴ）排放，三者缺一不可。

202. 使用不达标的柴油车尾气处理液有什么危害? 消费者如何鉴别自己购买到的是否为合格的柴油尾气处理液?

答：柴油车尾气处理液直接应用于柴油车排气系统，对杂质含量的控制非常严格。如果消费者使用了不合格的柴油尾气处理液，将对汽车SCR和排气系统产生危害。杂质反应生成的固体污染物，可能堵塞催化剂的孔道，降低转化效率；堵塞喷嘴，使液体雾化效果降低。影响NO_x的转化率，使排放超标，进而限制发动机扭矩输出，影响发动机提速和行驶性能，严重时可能堵塞排气管，损坏发动机。

目前我国汽车尾气处理市场需求正在逐步释放，市场上产品种类繁杂，消费者难以通过外观等简洁明了的方法判断产品优劣，建议选择正规的生产厂家和主流销售渠道购买。目前，中国内燃机工业协会等单位正在组织开展产品认证，消费者可以选购经过权威机构认证的产品，或者是中国石化等知名企业生产的产品。

203. 为什么不能用自来水、矿泉水配制柴油车尾气处理液而必须使用超纯水?

答：超纯水中的金属离子含量极低，能够满足柴油车尾气处理液对金属离子浓度的要求。若使用自来水或矿泉水进行柴油车尾气处理液的配制，因其金属元素钙、镁、钾、钠离子等含量比较高，将导致柴油车尾气处理液不合格，进而导致尾气排放系统的催化剂中毒，最终增加SCR系统的运行成本。

204. 为什么不能用农用尿素作为柴油车尾气处理液的原料?

答：农用尿素中的缩二脲、甲醛及金属离子含量远超柴油车尾气处理液标准要求，使用农用尿素是配制不出合格的柴油车尾气处理液的，使用这种不合格的产品将损坏SCR系统，甚至影响柴油机正常运行。

205. 为什么不能使用碳钢储罐、普通塑料桶储运柴油车尾气处理液? 对包装柴油车尾气处理液的材料有什么特殊要求?

答：柴油车尾气处理液要求包装材料不能对产品造成污染。碳钢、碳钢上镀的锌会与柴油车尾气处理液反应形成危害SCR系统的有害物质；一般的塑料制品在生产过程中使用了添加剂，这些添加剂会渗入柴油车尾气处理液中，致使处理液受到污染。因此，包装柴油车尾气处理液的材料不能使用碳钢储罐和普通塑料桶。另外，由于柴油车尾气处理液呈碱性，对铜、铸铁、焊料、铝、镁等材料有腐蚀性，这些材料都不得用作柴油车尾气处理液的包装材料。

206. 在包装、储运、加注柴油车尾气处理液的过程中，为什么不允许有任何的开放式操作?

答：柴油车尾气处理液是由32.5%高纯度尿素和纯水制成的，是一种非爆炸性、非易燃和对环境不会造成损害的溶液，但该产品易受到污染。若在开放环境操作会使大气中的尘埃、含金属离子的微粒进入产品溶液中，最终导致在使用过程造成SCR系统的催化剂中毒。因此，在包装、储运、加注柴油车尾气处理液的过程中，不允许有任何开放式操作。

207. 柴油车尾气处理液的有效期是多长？柴油车尾气处理液在储存中应注意什么？

答：柴油车尾气处理液在光照和高温情况下，有效期会大幅缩短。为防止柴油车尾气处理液分解，长时间储存及运输要求温度保持在25℃以下；如温度高于35℃，应检验后再使用。表4展示了各温度下柴油车尾气处理液的保质期。

表4　柴油车尾气处理液储存温度与保质期关系

储存温度 /℃	产品保质期 / 月
≤ 10	36
≤ 25	18
≤ 30	12
≤ 35	6
＞ 35	每批次使用前检验

柴油车尾气处理液应该室温保存，避免高温和阳光直射，储存温度保持在-5~25℃，低于-5℃时应有保温措施，高于25℃时需冷却降温。如果柴油车尾气处理液出现了结晶，采用加热处理时温度不得高于30℃。另外，柴油车尾气处理液对潜在化学杂质十分敏感，为了防止污染，要保持储存环境清洁，避免与异物接触，避免加注及搬运过程产生人为污染。

208. 柴油车尾气处理液都采用哪些配送方式？

答：根据用户消费量，使用不同的配送方式。大型客户，容量有3~30t的储槽，由配送车队及时补充；中型客户，有1t的中型散装容器（IBC）；小型客户，有10~200L的罐装产品，携带非常方便，适合在运输半径200km范围内供应。

209. 在车辆技术和燃油品质上如何实现降耗？

答：未来汽车技术发展受排放和油耗双重目标的影响。对于排放，为了实现汽车燃油经济性中长期目标，汽车业界正在使用和研究一些更有效的节能技术，如涡轮增压、缸内直喷等。对于整车技术而言，优化发动机燃烧更有利于提高燃油经济性，其中部分技术性能的可靠性、应用效果与燃油品质密切相关，会对车用燃油提出新要求。同时，为了保证未来节能汽车长久稳定高效地工作，对燃油清净性也必将有更为严格的要求。

210. 什么是 OBD，为什么在油品升级的过程中，换装升级后的油品，会出现 OBD 报警灯亮的情况?

答：OBD是英文On-Board Diagnostic的缩写，中文翻译为“车载诊断系统”。这个系统随时监控发动机的运行状况和尾气后处理系统的工作状态，一旦发现有可能引起排放超标的情况，会马上发出警示。

油品升级之后，新油品与升级前的油品相比组成会有所改变，这种改变会影响发动机的燃烧，有可能会引起发动机燃烧不完全等情况。此时，通过车辆加装的某些传感器（如氧传感器）就会检测到此种情况，引起OBD报警。此时需要发动机机械、电子设备、传感器与新升级燃油“磨合”一段时间，过渡一下，使用2~3箱油之后发动机就会适应。这种情况不会对发动机造成损害，因为这既不是发动机问题，也不是燃油质量问题，而是发动机与燃油需要相适应的问题。所以OBD灯亮是警告驾驶员车辆排放超标，并不会对车辆造成损害，但在OBD灯亮时，一定要尽快修复。

211. 现代汽油发动机与柴油发动机的着火原理是什么?

答：目前汽油发动机按喷油方式主要分为两种类型：进气道喷射式（Port Fuel Injection, PFI）和缸内直喷式（Gasoline Direct Injection, GDI）。进气道喷射式汽油发动机是将汽油喷入进气管同空气混合成为可燃混合气再进入气缸，经火花塞点火燃烧膨胀做功，故人们通常称汽油发动机为点燃式发动机。

柴油发动机是通过喷油泵和喷油嘴将柴油直接喷入发动机气缸，柴油在喷射过程中与气缸内被压缩的空气混合，在高温、高压下自燃，推动活塞做功，故人们通常称之为压燃式发动机。

柴油机和汽油机的最明显区别是，汽油机需要靠火花塞点燃，而柴油机靠压燃。

212. 发动机压缩比是什么?

答：压缩比是发动机气缸的总容积与燃烧室容积的比值。它表示汽缸内气体被压缩的程度，压缩比越大，则压缩终了时汽缸内气体的压力和温度就越高。

通过提高车用汽油抗爆性，可以满足汽车发动机的高压缩比要求。炼油企业可以依靠改善炼油工艺，或者加入合法的抗爆剂、抗爆组分等方法提高汽油的抗爆性。

从目前炼油技术水平和综合经济效益上考虑，生产适应过高压缩比的车用汽油（如98号及以上）存在困难，同时，过高压缩比也会使汽车尾气中的NO_x含量猛增，导致汽车的三元催化转化器难以承受，高压缩比增加了发动机制造难度，需使用强度更大的金属材料。因此，目前汽油发动机的压缩比一般不超过13。

213. 我国目前常用发动机液体燃料种类主要有哪些，使用特点有哪些，有哪些通用质量要求?

答：我国目前常用发动机液体燃料有车用汽油、车用乙醇汽油（E10）、车用柴油、生物柴油、船用燃料油、航空汽油、3号喷气燃料、生物喷气燃料等油品。

发动机液体燃料具有能量密度高、灰分很少，易储存运输，使用方便灵活等特点，能够适用于多种工况。

发动机液体燃料应满足以下通用质量要求：①适当的蒸发性；②良好的燃烧性；③高度的清洁性；④良好的安定性；⑤无腐蚀性；⑥良好的低温性；⑦良好的洁净性。

214. 汽油机爆震燃烧是怎么回事，产生爆震的原因是什么?

答：汽油在发动机气缸里应形成均匀混合气，当火花塞点火后，以火花为中心火焰以正常速度传播燃烧，如果所使用车用汽油辛烷值偏低或操作不当，因燃气的膨胀压力过高、气缸壁过热，使混合气中生成过氧化物，离火花塞较远的汽油，在火焰传到之前就会激烈氧化和燃烧，或在燃烧末期发生突然燃烧，这种不正常燃烧即为爆震燃烧。

汽油机产生爆震的原因很多，如点火角度过早，发动机温度过高，发动机负荷过重，大气温度高导致进气温度高、气压高、湿度小等，但这些都是次要原因，影响爆震的最主要原因是所用汽油的辛烷值过低。

215. 油品使用中发动机或油品出现异常现象，需要关注哪些油品指标?

答：(1)汽油类：气味异常——硫醇硫含量；颜色异常——异常添加剂情况；火花塞烧蚀、堵塞——Mn、Fe、Si等元素；燃烧室沉积物——胶质、终馏点、机械杂质；进气阀沉积物、积炭——胶质含量；发动机抖动——研究法辛烷值、抗爆指数；启动困难——蒸气压；加速无力——馏程；不耐烧——馏程、密度、热值；三元催化转化器损坏——Si、Cl、Mn等元素。

(2)柴油类：排气管冒白烟——水含量；排气管冒黑烟——十六烷值、多环芳烃含量、运动黏度；燃烧室沉积物——10%蒸余物残炭、灰分、总污染物；尾气转化装置损坏——总污染物；气味、颜色异常——非常规添加物、总污染物、微生物；有汽油味、油品黏度过低——闭口闪点、馏程、运动黏度、密度；不耐烧——热值、密度；储存中颜色变化快、品质差——氧化安定性、酸度；油品结蜡、过滤器堵塞、冬季启动困难——凝点、浊点、冷滤点；喷嘴、汽缸等异常磨损——润滑性、铜片腐蚀、总污染物。

216. 液体燃料中烃类的氧化反应是如何进行的?

答：烃类的氧化反应是链反应，最初由少量的活泼的烃因光照或受热发生分解，产生性质活泼的自由基，自由基极易与氧反应，生成一系列的氧化中间产物。最初的氧化产物主要是自由基和过氧化物，它们都能溶解在燃料中，因此看不出燃料有什么变化。进一步氧化会生成醇、醛、酮和酸性物质，使燃料的酸度有一定增加。随着反应的继续进行，一些物质(烯烃和二烯烃)经过聚合作用，就产生了胶质。随着氧化和聚合加深，胶质越来越多，最后胶质便聚合成黏稠的胶状沉淀物。

217. 液体燃料严重氧化的危害是什么?

答：液体燃料严重氧化会给使用带来很大危害。氧化生成的胶质沉积在油箱中，会使新加入的燃料迅速变质。燃料中胶质过多会堵塞燃料滤清器，破坏燃料的正常供给。黏稠的胶质沉积在油管、喷油嘴等部位，会严重影响燃料的供应和混合气的形成。沉积在进气阀上的胶质，受热后形成十分黏稠的胶状物，使进气阀出现黏着现象，甚至使进气阀关闭不严，产生漏气，严重时甚至将进气阀烧坏或将其完全黏住，使发动机无法工作。胶质的挥发性很低，进入燃烧室后，在高温下极易受热分解而生成积炭，除了降低导热系数，造成零件局部过热外，还会增大汽缸压缩比，使燃烧室温度升高，增强爆震倾向，易形成炽热点，引起早燃。沉积在火花塞上的积炭，会导致点火不良。氧化生成的酸性物质，会增强燃料腐蚀性，缩短发动机寿命。

218. 如含有水、杂质的车用柴油加入车辆，车辆为什么不能启动?

答：柴油中有较多的水存在，会降低柴油的发热量；0℃以下水会结冰，使燃油供给系统堵塞；因此标准中要求水分不大于痕迹。杂质会造成油路堵塞，加剧喷油嘴等精密零件的磨损，甚至造成喷油嘴堵死，导致车辆不能启动。因此柴油中不能含有污染物。

219. 汽车在行驶过程中为什么会产生积炭?

答：汽车发动机在运行过程中，喷油嘴处于100℃左右，进气阀表面处于200~300℃，汽油中不稳定的组分极易在这些高温部位发生氧化缩合等反应，从而产生积炭。

220. 发动机内部积炭会有哪些危害?

答：喷油嘴上过多的积炭会使喷油孔变小或堵塞，造成喷油雾化效果差，这样的燃油不能完全燃烧，从而造成油耗加大，尾气排放恶化。堆积在进气阀上的大量积炭会造成进气通道截面积减少，充气效率降低，动力下降，严重时会使阀门动作迟缓，关闭不严，从而造成热效率降低。

221. 为什么加注完油品后车辆有时会出现无法启动、熄火、抖动等异常现象?

答：车辆无法启动的原因很多，常见的有节气门故障（如节气门过脏，需要更换）、喷油嘴故障（如喷油嘴渗油，需要更换）、火花塞故障（如火花塞有积炭，点火能力变弱）等。出现异常现象时，建议用户将车辆送到4S店等专业维修机构进行检修，找出车辆故障的原因。

对于一些特殊情况，车辆在加完油时发生异常现象，有可能是以下因素造成的：

（1）在加油时，车辆往往要经历从热车熄火再启动的过程。在这种特殊情况下，车辆原本存在的问题会突然发生。例如一些高档车在油箱汽油存量较少的情况下，会出现燃油泵因长时间暴露在油液面以上导致散热不良，在熄火加油后，燃油泵就会因为过热而系统自动进行保护，使发动机无法启动，需要用户耐心等十多分钟待燃油泵高温降下来后，才能正常启动。

（2）油箱油位太低，燃油泵有可能会吸入常年沉淀的油渣物，导致供油管出现堵塞，供油不足，启动困难。

油箱油位过低，导致油管有空气进入，此时加满油品后，油箱内部产生的汽油蒸气被挤压出燃油箱，进入发动机进气管道，造成混合气变浓，导致发动机启动困难。需要用户耐心多次启动发动机，同时踩加速踏板加快排气过程，发动机就可以启动，经过约十分钟怠速运转后，发动机工作可以恢复正常。

（3）一般情况下，油品造成车辆问题是渐进的过程。由于车辆在加油前，油箱及油路中必然会带有部分余油，发生问题时所加油品还没有参与车辆工作，发生的问题往往与该批次新加入油品没有直接关联。

222. 汽车油耗过高是什么原因?

答：汽车燃油的异常消耗有多种原因，有可能是以下情况：

（1）气缸压力不足，磨损加大；

（2）火花塞损坏，有气缸火花塞不点火；

（3）喷油嘴堵塞，雾化不良；

（4）空气滤清器和进气管堵塞，汽油滤清器长时间未更换；

（5）机油黏度过高；

（6）发动机积炭过多；

（7）氧传感器故障；

（8）发动机冷却系统工作不良；

（9）底盘传动系统机件磨损；

（10）轮胎气压太低或严重磨损出现打滑等。

223. 汽车加速没劲是怎么回事？

答：汽车加速没劲主要原因可能是发动机存在问题或油品牌号选用不正确。建议先检查发动机，排除相关故障。在选用油品时，若汽车生产厂建议使用98（或95）号车用汽油，而实际选用了95（或92）号车用汽油或其他异常油品，就有可能会出现加速没劲、油耗增加等现象。若是柴油车，选用了掺有煤油或燃料油的柴油，也可能会出现加速没劲现象。为此，建议加油时选择信誉好、质量有保障的加油站。

224. 当今汽油发动机对于汽油有何要求？

答：对汽油的要求如下：

（1）汽油发动机工作中的进气过程要求汽油具有适当的蒸发性，这样可以保证汽油与空气形成良好的可燃混合气，有利于燃烧。

（2）汽油机工作中的燃烧过程要求汽油具有良好的抗爆性，保证燃烧过程不发生爆震现象。

（3）要求汽油具有良好的安定性，不易氧化生成胶质。

（4）要求汽油不能有腐蚀性，以免损坏发动机零部件和容器。

（5）要求汽油不含有机械杂质和水分，以免引起发动机零部件磨损、堵塞油路及油品变质等。

225. 什么是分层燃烧？

答：分层燃烧即FSI，是Fuel Stratified Injection的英文缩写，为燃油分层喷射。FSI发动机的主要优点是：动力响应好，功率和扭矩同时增加，油耗更低。FSI发动机采用缸内直喷，汽油在缸内蒸发产生内冷效应，降低爆震的可能性，适当提高压缩比。分层燃烧的优点是热效率高，节流损失小，可以将有限的燃料尽可能多地转化为工作能量。在分层燃烧模式下，节气门不全开，以保证进气管有一定的真空度（废气再循环和碳罐可以控制）。此时发动机的扭矩取决于喷油量，与进气量和点火提前角关系不大。分层燃烧模式下，进气过程中节气门开度比较大，减少了一些节流损失。点火时，只有火花塞周围混合好的气体被点燃。此时，周围的新鲜空气和来自废气再循环的气体形成了良好的隔热保护，减少了缸壁的散热，提高了热效率。

226. 为什么要引入分层燃烧技术?

答：为了使内燃机更加节能环保，各大主机厂开始对稀薄燃烧领域进行探索，混合气浓度的高低对发动机动力、油耗的影响很大；汽油燃烧的理想空燃比是14.7，这仅仅是理想空燃比而不代表最高空燃比；汽车运行时更浓的混合气会让动力响应更好，比如过量空气系数为0.88的混合气，此时空燃比降低至12.8左右，可以理解为此时燃烧速度更猛烈。但混合气浓度提高，不完全燃烧的问题就会加剧，即便是14.7的理想空燃比依然存在不完全燃烧，为了让混合气可以更完全地燃烧，就需要不断提高空燃比。因为空气是无限的、用更大体积的空气来确保油气可以燃烧得更完全，做更多的功，相对提高热效率，这就是稀薄燃烧的意义，但问题是当混合气稀薄到一定程度时就不容易点燃。为了解决这个稀薄混合气不好点燃的问题，即产生了分层喷射、分层燃烧的解决方案。

227. 分层燃烧采用什么技术来实现多层混合气燃烧?

答：缸内直喷技术喷射策略非常丰富，可以在燃烧室内依次制造出不同浓度的多层混合气，最靠近火花塞的混合气浓度最大，而最底层的混合气浓度最小。原理就是利用火花塞跳火点燃最近的浓混合气层，使点燃的火花逐层向下燃烧，最终完成对最底部的超稀薄混合气层的完全点燃，这就是分层燃烧，实际上就是实现稀薄燃烧的一种解决方案。利用三种混合气形成和燃油导入方法，均可以实现缸内直喷汽油机分层燃烧工作模式。通过研究这些不同的方法，提出了三种混合气形成概念，即壁面导向型、空气导向型和喷注导向型，如图2所示。它们主要的区别在于燃油从喷嘴被引导到火花塞位置的方式。

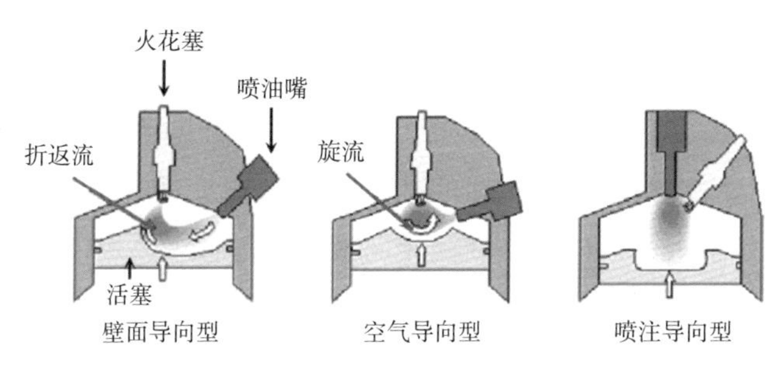

图2　分层燃烧技术的三种混合气形成和燃油导入原理

228. 什么是壁面导向型燃烧过程?

答：目前市场上的第一代分层充气发动机多是以壁面导向型燃烧过程为基础而设计的，该燃烧过程的特点是火花塞与喷油器之间的距离较大。由于燃油喷注与燃烧室壁面的相互作用，导致了混合气的形成。借助燃烧室的特殊形状，在涡流和滚流的作用下，将燃油引导到火花塞附近。由于喷油时间和活塞的运动息息相关，所以与发动机的转速也直接相关。混合气从喷嘴运动到火花塞附近需要经历一段较长的距离，这就要求在不同的发动机转速下有不同的冲量运动，而且为了形成良好的分层混合气，要精确地计算点火时间和喷油时间。但未燃碳氢较多及需要不同的冲量运动等原因，导致现在所应用的壁面导向型燃烧并未充分发挥出在降低油耗方面的潜力。

229. 什么是空气导向型燃烧过程?

答：在空气导向型燃烧过程中，仅仅靠进气侧的空气运动来将燃油引导至火花塞附近，同时与空气进行混合。特殊的燃烧室形状也加强了空气的流动。相比壁面导向型燃烧，空气导向型燃烧避免了燃油与燃烧室壁面的接触。因此，从理论上讲，燃烧室壁面上没有未燃碳氢聚集，因为在进气的同时完成了燃油与空气的混合。这种燃烧的过程更依赖于油束与导向进气的运动之间的配合。空气导向型燃烧过程是一种折中办法，由于和壁面导向型燃烧一样，喷油器与火花塞间的距离也比较长，因此只能利用进气流动将燃油输送到火花塞位置。但它又与壁面导向型燃烧方式不同，燃烧室壁面并没有出现燃油聚集现象，因此能较好地控制缸内气体流动。

230. 什么是喷注导向型燃烧过程?

答：喷注导向型燃烧因其能够充分发挥分层燃烧的潜力被称为“第二代缸内直喷”。其特点是喷嘴与火花塞之间的距离小，但是将火花塞与喷油器布置在进排气门之间是很大的挑战。在喷注导向型燃烧过程中，燃油依靠周围的空气流动与其混合。因此分层效果比较明显，在油束中心处有浓混合气，从燃油束的中心到边缘逐渐由浓到稀，在混合气的形成区域有一部分混合气能够被可靠点燃。所以在布置火花塞的时候，要保证在全工况范围内点火时间火花塞附近的混合气能够被可靠点燃。虽然喷注导向型燃烧能够充分发挥分层燃烧的潜力，但过程中同样存在一部分问题。如喷嘴和火花塞积炭、火花塞热负荷大、混合气形成不充分、高速时混合气飘移等问题，因此研制出有稳定的油束重复性和高灵敏性的高质量喷嘴，提高燃油的喷射压力，采用大功率、更耐久、可调的点火系统将成为未来直喷汽油分层燃烧的研究重点。

231. 柴油发动机对柴油有何要求?

答：柴油发动机燃料系统中供油配件构造精密、燃烧过程短暂复杂，对柴油提出如下要求：

(1)凝点低、黏度适中，以保证不间断地供油和雾化。

(2)燃烧性能好，以保证在柴油发动机中能迅速自行发火，燃烧完全、稳定。

(3)燃烧过程中，不在喷嘴上生成积炭堵塞喷油孔。

(4)柴油及燃烧产物不腐蚀发动机零件。

(5)不含有机械杂质，以免加速高压油泵和喷油嘴磨损，降低发动机寿命或堵塞喷油嘴。

(6)不含水分，以免造成柴油发动机运转不稳定和在低温下结冰。

232. 柴油机为什么需要使用高压喷油?

答：相较于汽油，柴油黏度更大，两者的挥发性、混合性及发动机排放特点都不相同。而正是因为本身的特点，决定了必须采用高压的方式才能使柴油迸发出应有的能量。早期的柴油机使用高压气瓶为供油系统提供一定的压力，后期采用机械式燃油泵的柴油喷射系统通过凸轮轴驱动而工作，喷油的压力会随着发动机转速与喷油量的增加而增加。目前，柴油机多采用依靠精密电子控制的柴油高压共轨技术。

233. 什么是高压共轨技术？

答：随着发动机自动控制技术的发展和进步，为了解决柴油机燃油压力变化所造成的燃油喷射燃烧缺陷，现代柴油机采用了一种高压共轨电控燃油喷射技术，使柴油机的性能得到了全面提升。

柴油机在机械喷射、增压喷射和普通电喷后，近年来出现了共轨高压喷射。高压共轨（Common Rail）电喷技术是指在由高压油泵、压力传感器和电子控制单元（ECU）组成的闭环系统中，相比一般喷油系统，它的压力建立、喷射压力控制和喷油过程相互独立，并可以灵活地控制。它是由高压油泵将高压燃油输送到公共供油管（Rail），通过公共供油管内的油压实现精确控制，使高压油管压力（Pressure）大小与发动机的转速无关，可以大幅降低柴油机供油压力随发动机转速变化的程度。

234. 高压共轨喷射系统主要由哪些部件构成？

答：高压共轨系统主要由电控单元、高压油泵、蓄压器（共轨管）、电控喷油器及各种传感器等组成。低压燃油泵将燃油输入高压油泵，高压油泵将燃油加压送入高压油轨（蓄压器），高压油轨中的压力由电控单元根据油轨压力传感器测量的油轨压力及需要进行调节，高压油轨内的燃油经过高压油管，根据机器的运行状态，由电控单元确定合适的喷油正时、喷油脉宽，再由电子喷油器将燃油喷入汽缸。

235. 高压共轨系统的技术优点有哪些？

答：（1）高压共轨系统中的喷油压力柔性可调，对不同工况可确定所需的最佳喷射压力，从而优化柴油机综合性能，使发动机运行更稳定。

（2）可独立地柔性控制喷油正时。因为喷油始点和燃油喷射量的控制各自独立，可以实现预喷、主喷和补偿喷射的多次喷射，喷油精度非常高。最小稳定喷射量可达1μL，每次配合高的喷射压力（120~200MPa），可同时控制NO_x和颗粒物（PM）在较小的范围内，以满足排放要求。

（3）柔性控制喷油速率变化，实现理想喷油规律，容易实现预喷射和多次喷射，既可降低柴油机NO_x，又能保证优良的动力性和经济性。

（4）由电磁阀控制喷油，控制精度较高，高压油路中不会出现气泡和残压为零的现象，因此在柴油机运转范围内，循环喷油量变动小，各缸供油不均匀可得到改善，从而减轻柴油机的振动和降低排放。

236. 高压共轨柴油机的常见故障与产生故障的可能原因有哪些？

答：高压共轨柴油发动机较为常见的故障与产生故障的可能原因有以下几个方面。

（1）发动机启动困难：发动机运转正常，但启动困难，需要数次启动才能够着火，或着车后有冒黑烟现象。故障原因：有空气进入油路，供油不畅（滤清器堵塞），喷油器、限压阀泄漏，轨压异常，同步信号异常，温度信号失准，机械故障等。

（2）启动后自动熄火：车辆发动后，工作正常，但发动机在运行中突然熄火，仍能启动，但熄火现象依然存在。故障原因：油路异常，点火开关故障，ECU或电源异常（接触不良等），其他电路故障。

（3）发动机冒黑烟。故障原因：空气滤清器堵塞，增压器性能下降，增压器之后的进气管路泄漏，轨压异常，喷油器损坏等。

（4）发动机动力不足：重载爬坡时动力下降明显。故障原因：多功率省油开关处于低挡，油路和轨压异常，进气管路及增压器异常，传感器及线路故障，机械故障（气门间隙不标准、缸压过低等）。

237. 汽柴油中的硫含量过大有哪些危害？

答：汽柴油中的硫会导致车辆尾气处理系统中毒，从而大幅降低有害气体的转化效率，造成排放过量，严重影响环境；硫会导致发动机系统的腐蚀和磨损；硫对加热型排气氧传感器有不可逆的损害；硫会影响先进车载故障诊断系统的应用。柴油中的硫在发动机排气和大气环境中形成硫酸盐，增加柴油发动机颗粒物的排放。

此外，汽柴油燃烧后生成的SO_2和SO_3不仅影响身体健康，并且能够造成酸雨，污染环境。

238. 什么是氮氧化物？氮氧化物对环境有哪些影响？

答：氮氧化物是指氮的氧化物，有一氧化二氮、一氧化氮、二氧化氮、三氧化二氮等，其中占主要成分的是一氧化氮和二氧化氮，通常以NO_x表示。

氮氧化物是常见的大气污染物，是形成酸雨的主要物质之一，也是形成大气中光化学烟雾的重要物质和生成臭氧的一个重要因素。氮氧化物还会通过雨水落在江河湖泊、海洋中，进入地下水，造成水体的富营养化，富营养化问题还能引起土壤化学成分改变，即土壤酸化及生态系统失衡，二氧化氮及其聚合物四氧化二氮最有害。大气中的氮氧化物在阳光的作用下，会形成二次颗粒物。

239. $PM_{2.5}$和PM_{10}分别指什么，主要来源是什么？

答：$PM_{2.5}$是指大气中直径小于或等于2.5μm的颗粒物，也称为可入肺颗粒物。它的直径还不到人头发丝粗细的1/20。虽然$PM_{2.5}$只是地球大气成分中含量很少的组分，但它对空气质量和能见度等有重要的影响。$PM_{2.5}$粒径小，含有大量的有毒、有害物质且在大气中的停留时间长、输送距离远，因而对人体健康和大气环境质量的影响大。$PM_{2.5}$的主要来源是日常发电、工业生产、汽车尾气排放等过程中经过燃烧而排放的残留物，大多含有重金属等有毒物质。

PM_{10}是可吸入颗粒物，从空气动力学来讲直径大小是10μm，它是能够吸入呼吸道的，从上呼吸道通过声门能够到达下呼吸道，所以它叫可吸入颗粒物。PM_{10}在环境空气中持续的时间很长，对人体健康和大气能见度影响都很大。PM_{10}一部分来自污染源的直接排放，如烟囱与车辆排放的气体，另一部分则是由大气中硫氧化物、氮氧化物、挥发性有机化合物及其他化合物互相作用形成的细小颗粒物。

240. 汽油和柴油发动机尾气排放主要污染物是什么？主要危害是什么？

答：汽油发动机尾气排放污染物主要指气态排放物一氧化碳、碳氢化合物、氮氧化物及少量颗粒物。它们不但对环境危害很大，而且一氧化碳、氮氧化物和颗粒物对人体都有严重的毒害作用，碳氢化合物还能与氮氧化合物形成光化学污染。

柴油机与汽油机排放的主要区别在于柴油机的颗粒物排放量明显高于汽油机，柴油机的一氧化碳和碳氢化合物排放量比汽油机低，氮氧化物排放量与汽油机相当。柴油机的颗粒排放物主要是炭烟、油雾及添加剂引起的金属颗粒，其中碳烟颗粒被吸入人体后不易排出，在人体肺部积累起来，有致癌作用，还能引起肺气肿、皮肤病及其他慢性病。

241. 车用柴油在小货车、自卸车、国Ⅳ及以下低标车辆和船只上使用，为什么会出现冒黑烟、动力不足、加速慢、熄火等现象?

答：车用柴油适用于压燃式柴油发动机汽车，其十六烷值高、燃烧性能好，适合在高速柴油发动机上使用。小货车、自卸车、国Ⅳ及以下低标车辆和船只使用中低速柴油机，由于车用柴油发火性能太好，中低速柴油机使用车用柴油会造成速燃，从而产生碳烟颗粒，出现冒黑烟、动力不足、加速慢、熄火等现象，说明中低速柴油机不适合使用车用柴油，应使用轻质燃料油。

242. 汽车排气管为何会出现冒黑烟、白烟、蓝烟的现象?

答：汽车排气管冒黑烟的主要原因是燃烧系统工作不良，燃烧不充分，有可能是阻风门不能全开，进气系统包括空气过滤器有堵塞，喷射控制系统与点火系统出现故障等，也有可能是选用的汽油牌号太低。

汽车排气管冒白烟的主要原因是燃油中含水。有可能是空气湿度大或冷却液渗入燃烧室所致，也有可能是使用了醇类含水燃油造成的。

汽车排气管冒蓝烟的主要原因是烧机油。有可能是活塞环严重磨损、气缸密封性不好、机油窜到气缸燃烧室参与燃烧，或油底壳机油油面过高被吸入气缸燃烧造成的。

243. 为什么要制定汽车的排放标准? 汽车排放污染的危害有哪些?

答：制定汽车的排放标准就是为了控制汽车污染物排放。为了抑制这些有害气体的产生，促使汽车生产厂家改进产品以便从有害气体产生源头加以控制。为此，欧洲和美国都制定了严格的汽车排放标准，汽车排放标准随汽车保有量的增加和大气环境的恶化不断被补充、细化和严格。

汽车排放污染包括120~200种不同的物质。废气排放量既与车辆、能源相关，也与运行情况、道路条件等各种因素相关。在怠速状态时，排气管冒黑烟，废气中的CO浓度极大。而在高速运转时，形成了大量的NO_x。废气中大量的HC与NO_x在紫外线照射下发生光化学反应，生成光化学烟雾。碳烟会黏附SO_2和苯并［a］芘等有害物质，而苯并［a］芘又是强致癌物，对身体影响极大。因此汽车排放污染物的危害是有目共睹的。

244. 下一阶段排放法规对尾气及后处理有何要求?

答：我国汽车排放标准和汽油产品标准均参考了欧洲体系。据了解，为了实现整个欧洲的碳中和，欧盟正在制定欧Ⅶ排放法规，相比欧Ⅵ，欧Ⅶ排放标准将要求汽车尾气的CO排放量由500~1000mg/km减少到100~300mg/km，而NO_x的排放量降低到30mg/km，该标准还将强制在欧洲地区销售的燃油车安装电加热催化器、两个1.0L传统三元催化器、一个2.0L微粒过滤器和一个氨泄漏催化器，从而进一步降低空气污染物排放量。相比欧Ⅵ排放法规，欧Ⅶ排放法规要求更加严格，预计欧Ⅶ排放法规发布后，会推动欧洲油品标准升级。

245. 我国燃油标准与排放标准在世界上处于何种水平?

答：国务院《“十四五”节能减排综合工作方案》要求“研究制定下一阶段轻型车、重型车排放标准和油品质量标准”。我国车用汽油于2016年12月31日实施，2023年1月1日起全面执行车用汽油（ⅥB）技术标准。车用柴油于2016年12月31日实施，2019年1月1日起全面执行车用柴油（Ⅵ）技术标准。我国第六阶段车用燃油主要质量指标基本已达到世界先进水平。北京市2021年发布并实施了DB 11/238—2021、DB 11/239—2021标准，比国家标准更严格。

欧盟正在制定欧Ⅶ排放法规，相比欧Ⅵ排放法规，要求更加严格。我国生态环境部已组织开始了国Ⅶ排放法规的预研，虽然国Ⅶ排放标准的国家标准修订并未立项，但我国已经开始酝酿制定第七阶段轻型车排放法规。

246.《汽车产业中长期发展规划》中，在油耗方面有何考量?

答：根据工信部、国家发展改革委和科技部印发的《汽车产业中长期发展规划》，要求到2025年，我国乘用车新车平均燃油消耗量2025年下降至

4L/100km；中国汽车工程学会组织编写的《节能与新能源汽车技术路线图2.0》综合考虑节能技术进步和测试工况切换的影响，提出2025年和2030年新车平均燃油消耗量将分别达到4.6L/100km和3.2L/100km。

247. 我国现行的汽车排放标准是什么，有哪些特点？

答：自2023年7月1日起，全国范围全面实施国Ⅵ排放标准ⅥB阶段，禁止生产、进口、销售不符合国Ⅵ排放标准ⅥB阶段的汽车。中国第六阶段机动车污染物排放标准是指《轻型汽车污染物排放限值及测量方法（中国第六阶段）》（GB 18352.6—2016）中的排放控制要求。要求严格控制污染物的排放，例如，要求汽油车的一氧化碳排放量降低50%，总碳氢化合物和非甲烷总烃排放限值下降50%，氮氧化物排放下降42%。

国Ⅵ分为A和B两个阶段，其中，国ⅥA的排放限值大约是国Ⅴ的70%，而国ⅥB才是国Ⅵ的“完全体”，其限值大约是国Ⅴ的50%。国ⅥA/B增加了对汽油车的颗粒物排放限值（6×10^{11}个/km）。

248. 我国的汽车排放标准经历了哪些变化？

答：我国的汽车排放标准：具体实施至今主要分为六个阶段，分别是国Ⅰ、国Ⅱ、国Ⅲ、国Ⅳ、国Ⅴ、国Ⅵ。汽车排放标准的目的是贯彻环境保护相关法律，减少并防止汽车排放对环境的污染，保护生态环境，保证人体健康。以下是中国汽车排放标准详细介绍：

（1）国Ⅰ排放标准：20世纪80年代初，我国颁布了一系列机动车尾气污染控制排放标准，包括《汽油车怠速污染物排放标准》《柴油汽车自由加速烟度排放标准》《汽车柴油机全负荷烟度排放标准》，以及其测量标准，至此，我国汽车排放标准才开始一步一步建立。直到2001年7月1日，国Ⅰ标准才在全国范围内全面实施。

（2）国Ⅱ排放标准：在这一阶段我国已经形成了比较完整的汽车尾气排放标准及检测体系，北京率先开始实施国Ⅱ排放标准。国Ⅱ排放标准中对于各种污染物排放的要求进一步提高，至2004年7月1日在全国实施。

（3）国Ⅲ排放标准：2005年12月30日，北京开始实施国Ⅲ排放标准，也正是在这个时候，OBD设备开始被大量使用。具体实施时间为：轻型柴油车为2009年7月1日；重型汽油车为2010年7月1日；重型燃气车为2008年7月1日；重型柴油车为2008年7月1日。

（4）国Ⅳ排放标准：2008年元旦国Ⅳ燃油在北京上市，随后北上广等多地开始实行国Ⅳ标准。全国范围内推行的具体时间为：轻型柴油车为2013年7月1日；重型汽油车为2013年7月1日；重型燃气车为2011年1月1日；重型柴油车为2013年7月1日。

（5）国Ⅴ排放标准：2017年7月1日开始全国范围全面实施国Ⅴ排放标准，其中氮氧化物排放量比国Ⅳ标准降低了25%，并且新增了PM的排放限值，更加严格。

（6）国Ⅵ排放标准："国Ⅵ"标准是对国Ⅴ标准的升级，跟"国Ⅴ"标准相比，"国Ⅵ"将严格控制污染物的排放限值，成为全球最严格的标准之一。"国Ⅵ"标准实际落实下来就是汽油车的一氧化碳排放量降低50%，总碳氢化合物和非甲烷总烃排放限值下降50%，氮氧化物排放限值加严42%。

249. 空燃比对汽车尾气排放的影响有哪些?

答：空燃比是可燃混合气体中空气质量和燃油质量之比。当汽车发动机处于低负荷运转时，混合气偏浓，汽油燃烧不完全，尾气中的一氧化碳量会增多；当发动机处于中高负荷运转时，混合气处于理想空燃比，汽油燃烧效率高，尾气中的一氧化碳和碳氢化合物也会相应减少。

250. 发动机技术对汽车尾气排放的影响有哪些?

答：发动机是汽车的心脏，也是核心构件，其技术水平及燃烧效率对尾气的排放有着非常重要的影响。首先，发动机的控制系统是控制发动机燃烧和排放的关键系统，如果发动机的控制系统出现故障，会直接导致汽车尾气排放增加，如排放浓烟、黑烟等。其次，有效提高发动机燃烧效率，使燃料充分燃烧，可有效降低温室气体排放。除此之外，发动机的使用年限，也直接影响着其燃烧效率和排放性能，使用年限高的发动机其尾气排放增加，进而对大气环境造成一定的污染。

251. 常见的汽车尾气排放检测技术有哪些?

答：常见的汽车尾气排放检测技术有以下三种。

（1）怠速检测法。怠速检测法又被称为无负荷检测法，是汽车尾气检测技术中应用最早也是应用最多的检测技术，一般分为怠速检测和双怠速检测。

（2）工况法。工况法是常用的汽车尾气排放检测方法，通常分为简易工况法、瞬态加载法及稳态加载法。

（3）尾气遥感检测技术。尾气遥感检测技术的工作流程就是以吸收谱线位置和强度来确定尾气中各污染物的成分和浓度。

252. 目前国内各省份采用汽车尾气排放检测技术的情况如何?

答：目前，辽宁省、山东省、浙江省、广州市等省市实施简易瞬态工况法，国内其他大部分地区实施稳态工况法，当被检车型不适于工况法检测时，采用双怠速检测法。稳态工况法有两个阶段运行工况，分别为ASM5025和ASM2540，ASM5025工况为25km/h等速运行，ASM2540工况为40km/h等速运行，GB 18285—2018《汽油车污染物排放限值及测量方法（双怠速法及简易工况法）》规定当ASM5025工况合格则判定排放检验合格，无须再进行ASM2540检测。

253. 从燃油角度出发，汽车排放污染治理可以采取的方式有哪些?

答：从车辆废气污染的根源出发，提高现有车辆燃油的品质会减少汽车尾气污染。要提高燃油品质，可以采取相应措施减少汽油中的硫含量和金属含量，以避免汽车催化器损坏。通过适当提高汽车发动机中的氧气浓度，使油品尽可能完全燃烧，同时，通过去除喷油嘴、燃烧器等部位的沉积物，并添加适当的清净剂使车辆发动机处于良好工作状态，最大限度增加燃油的燃烧效率。从车辆废气的原料出发，把形成废气的有害物质扼杀于源头，减少车辆在行驶中给环境造成的不良影响。

254. 从汽车角度出发，汽车排放污染治理可以采取的方式有哪些?

答：完善机内净化技术与机外净化技术。

机内净化技术指的是，通过对汽车发动机燃烧循环进行优化，尽可能降低在用汽车发动机尾气中的有害物质浓度。因此采用机内净化技术，可以有效地抑制在用汽车废气的排放。当前改进机内净化技术的主要举措有：废气再循环技术应用、电喷装置使用、可变气门正时技术的使用、进气系统的改进、燃料系统的优化等。

机外净化技术指的是，利用安装在外部的净化装置来降低汽车发动机排气中的污染物浓度。改进机外净化技术的主要措施有：二次空气喷射技术、热反应器技术、氧化催化转化技术、三效催化净化技术、颗粒物捕集技术等。目前，应用最多的机外净化技术是在汽油车上采用的三效催化净化技术，通过改进排放工艺，利用三元催化净化器工艺来转换车辆废气中的有害废气，以达到减少汽车尾气污染排放的目的。

255. 欧美发达国家（地区）汽柴油质量升级的特点是什么?

答：从20世纪90年代末开始，欧美发达国家（地区）汽柴油质量升级历经六个阶段，油品质量从欧Ⅰ到欧Ⅵ标准，每3~5年升级一次。其中，汽油升级特点是硫含量大幅降低，严格控制苯含量，烯烃和芳烃含量呈下降趋势；柴油升级特点也是降硫，部分国家对多环芳烃或总芳烃含量提出要求。

由于消费结构不同，美国汽油质量标准比欧洲更为严格，而欧洲柴油质量标准则比美国要高。另外各国炼厂原料与工艺装置构成不同，也影响了油品质量标准中不同指标的设置。

256. 我国汽柴油质量升级的历程是怎样的?

答：我国汽、柴油标准主要是借鉴国外发达国家的汽、柴油标准发展而来。2016年12月23日，国Ⅵ车用汽油和车用柴油标准正式发布，我国用了不到20年的时间，实现成品油质量完全达到欧美发达国家（地区）油品质量标准的目标。

目前，我国已经全面实现国Ⅵ油品质量标准，高于多数发展中国家，部分地区油品质量标准甚至达到发达国家水平。与以往的车用汽油质量标准不同，国Ⅵ车用汽油标准分为A、B两个阶段，分别从2019年与2023年起开始实施，最大的不同点在于对烯烃的要求。车用汽油国ⅥA规定烯烃含量不大于18%（体积分数），国ⅥB将该指标降为不大于15%（体积分数）。车用柴油国Ⅵ标准已于2019年起执行，主要变化是将多环芳烃含量由不大于11%降至不大于7%，并收窄密度范围。车用燃料使用后的污染物排放进一步降低，为改善空气质量作出贡献。

257. 汽柴油质量升级带来的挑战有哪些？

答：我国用更短时间实现车用汽柴油质量标准达到欧美发达国家（地区）汽柴油质量标准水平的同时，给炼油企业、成品油销售和政府监管等带来很大挑战。主要体现在以下几个方面：

首先，我国炼油装置构成的特点决定了汽、柴油质量进一步升级难度不小。与欧美发达国家（地区）相比，我国汽油生产主要依靠催化裂化装置，烷基化、异构化装置比例较低，汽油烯芳烃含量较高。为改善质量而采取降低催化裂化苛刻度、催化汽油加氢精制等手段，又会使催化汽油辛烷值损失。柴油主要是增加柴油加氢、柴油改质装置生产能力，但是，加氢裂化和催化原料前加氢的比重依然较低。今后，油品质量升级技术还需不断创新，研发更加有效的清洁燃料生产技术。另外，油品升级必然导致国内平均生产加工成本的提升，给炼油行业带来成本压力。

其次，油品质量升级的关键时间节点可能导致市场短期供应紧张，短期价格大幅波动。近年来，国际原油价格多次震荡上行，国内成品油行情随之开启反弹之路，尤其是柴油在经济好转、基建投资增长的带动下，需求旺季效应明显，加之汽柴油升级频繁，部分区域供应紧张，影响终端销售盈利水平。

最后，周边主要发展中国家汽柴油质量标准低于我国，炼厂出口效益受损。目前，东北亚朝鲜、蒙古国汽柴油标准均在欧Ⅴ以下。东南亚地区11个国家，除新加坡、泰国为欧Ⅳ标准外，其余国家汽柴油基本在欧Ⅳ以下，品质差异影响我国成品油出口盈利。

258. 汽柴油质量升级带来的机遇有哪些？

答：应该看到，成品油质量升级不仅具有明显的环境效益和一定的经济效益，还有效推动了我国炼油行业深加工能力和装置工艺水平的提升，加快了落后产能的淘汰进程。随着油品质量升级步伐的加快，国内炼油企业装置结构不断优化调整，装置加工灵活性增大，深加工、精加工及加工劣质进口原油能力不断加强，催化裂化能力和加氢精制能力持续较快增长。

另外，通过油品质量升级、提高油品标准，形成倒逼机制，加快淘汰落后炼油产能，推动炼油企业转型升级。

259. 汽油标准的发展趋势如何与排放、炼制相适应?

答：车用汽油发展趋势应同时满足日益严格的环保要求和未来汽车节能技术的要求，此外还应兼顾我国炼油实际情况。未来我国车用汽油标准将规定车用汽油清净剂的使用，发挥其减少积炭、减排等作用；进一步严格芳烃、烯烃、馏程等要求，以降低汽车尾气排放；进一步优化蒸气压等要求，以改善整车的驱动性能和排放性能等。

260. 成品油行业在“双碳”政策下的发展趋势如何?

答：未来，中国成品油行业将在市场和政策的双重主导下，加速行业供给侧改革，形成新的供需平衡点。主要表现为：①节能降碳目标带动行业转型发展。从长期发展的角度来看，随着汽车产业逐步向清洁环保的新能源发展，将会带动我国炼化产业的转型，至此中国成品油行业将会进入转型升级的发展阶段，行业内的生产企业将加快生产结构调整，提高企业的市场竞争能力，从而积极应对国内能源清洁化和低碳化的发展趋势。②国内企业市场竞争加剧。在国内“双碳”政策逐步实施之下，将会不断淘汰落后产能，关闭多家落后炼油工厂，在此趋势之下，随着新能源汽车市场的渗透率逐年提升，成品油销量将受到巨大冲击。③成品油销售模式多样化，以更多方式锁定收益和规避风险。销售压力和利润水平的降低、部分企业长期面对的现金流压力，均迫使企业尝试更多的销售模式，或保证现金流或规避风险。

261. 当今成品油行业发展的挑战因素有哪些?

答：当今成品油行业发展的挑战因素主要有以下三个方面。

（1）原油及成品油价格波动频繁。从产业链结构方面看，成品油产业链上游为原油行业，原油的开采及市场供需对成品油行业的影响比较大，其市场价格也是决定成品油价格的主要因素之一。我国现行的成品油定价机制决定了国内成品油价格随着国际原油价格的变化而波动。国际原油价格的变化受多方面因素的影响，主要包括石油输出国组织（OPEC）确定原油生产水平及价格的意图和能力、原油主要生产国和消费国采取的可能影响国际原油价格的行动及来自其他能源的竞争等因素。近年来，国际地缘政治冲突频发，导致原油及成品油价格波动频繁，给成品油企业在油品采购、销售、库存、经营管理等方面带来了较大挑战。

（2）原油消费量上升，对外依赖度高。近几年我国原油的市场消费量逐年上升，而由于目前国内原油的产销格局不平衡，导致原油对外依存度不断提高，到2022年对外依存度已经达到71.5%，虽然较2021年下降了0.9%，但仍然维持在高位水平。

（3）新能源汽车推广挤压燃油汽车市场空间。近年来，随着相关技术的日趋成熟，我国加快了新能源汽车的推广。根据《新能源汽车产业发展规划（2021—2035年）》，到2035年，纯电动汽车成为新销售车辆的主力。2022年我国新能源汽车销量占当年汽车总销量的比例已经提升至25.6%。综上，从长期发展角度看，未来燃料动力仍将向着更清洁、环保的新能源方向发展，传统燃油汽车市场空间将受到进一步挤压。

262. 未来我国柴油质量升级发展方向是怎样的?

答：柴油质量升级的发展方向，一是适当提高十六烷值，柴油车使用十六烷值较高的柴油，可减少PM、NO_x、HC、CO的排放；二是降低总芳烃和多环芳烃含量；三是控制柴油的馏程、终馏点和密度。

第二篇

新能源知识

第一章　电能知识

263. 什么是新能源汽车？新能源汽车有哪些分类？

答：新能源汽车一般是指动力源至少一种为车载可充电储能系统或其他能量储存装置（一般为动力电池），全部或部分由电动机驱动，符合道路交通、安全法规等各项要求的汽车。目前，新能源汽车主要分为纯电动汽车、插电式混合动力汽车（含增程式）及燃料电池汽车。

（1）纯电动汽车。完全由车载可充电储能系统或其他能量储存装置（一般为动力电池）提供动力、由电动机驱动车辆行驶的汽车。

（2）插电式混合动力汽车（含增程式）。混合动力汽车是指装有两种或两种以上动力源的汽车。插电式混合动力汽车（含增程式）目前主要以电动机驱动，能量存储装置可以外接充电，同时搭载汽油或柴油内燃机进行发电或驱动。

（3）燃料电池汽车。采用燃料电池作为动力源的汽车。

264. 什么是动力电池？动力电池的作用是什么？

答：动力电池是为电动汽车提供动力来源的装置，是一种能把化学反应释放的能量转变成电能的装置。动力电池为电动汽车的电动机提供电能，电动机将电能转化为机械能，通过传动装置或直接驱动车轮和工作装置来驱动汽车行驶。因此，动力电池性能的好坏、质量的优劣、容量的大小将直接影响电动汽车的使用性能。

265. 纯电动汽车的基本构成有哪些？与内燃机汽车最大的不同是什么？

答：纯电动汽车的基本构成包括电力驱动及控制系统、驱动力传动机械系统、完成既定任务的工作装置等。

纯电动汽车与内燃机汽车的最大不同点在于电力驱动及控制系统。电力驱动及控制系统是纯电动汽车的核心，由驱动电动机（电动机）、动力电池和电动机的调速控制装置等组成。纯电动汽车的其他装置与内燃机汽车基本相同。

动力电池为纯电动汽车的电动机提供电能。电动机将动力电池的电能转化为机械能，通过传动装置或直接驱动车轮和工作装置。电动机调速控制装置是为电动汽车的变速和方向变换等设置的，其作用是控制驱动电动机的电压或电流，实现对电动机的驱动转矩和旋转方向的控制。

266. 与传统内燃机汽车相比，纯电动汽车的优点有哪些?

答：（1）节约石油资源。电能可以从多种一次能源获得，特别是可再生能源，如水能、风能、太阳能等，可以缓解石油资源的紧张。

（2）污染低，排放少。在纯电动汽车行驶中，本身不产生或排放大气污染物。即便按照纯电动汽车所耗电量换算为发电厂的排放，除硫和微粒外，其他污染物也显著降低。

（3）能量转换效率高。新能源汽车的能量转换效率远高于内燃机汽车，同时新能源汽车可以进行能量回收，提高能量的利用效率。

（4）可调节电网负荷。纯电动汽车可以在用电低谷时段进行充电，减小电网负荷的峰谷差。

267. 纯电动汽车的工作原理是什么?

答：纯电动汽车的工作原理是动力电池的直流电经逆变装置逆变为三相交流电，向电动机提供电能。然后电动机将电能转化为机械能，通过传动装置或直接驱动车轮和工作装置来驱动汽车行驶。同时，汽车在制动、减速或下坡时，电动机作为发电机进行发电，向电池充电回收能量，提高能量的利用效率。

268. 根据混合程度，混合动力汽车可分为哪几种类型?

答：（1）轻度混合动力汽车。

轻度混合动力汽车虽然同时拥有内燃机及电动机两种动力源，但只用内燃机驱动车辆行驶，电动机和电池则用于辅助内燃机启动及在内燃机停止运作时为车内电器提供电力供应。

（2）中度混合动力汽车。

中度混合动力汽车不但同时拥有两种及以上的动力源，而且这些动力源可同时驱动车辆行驶。中度混合动力汽车以其中一种动力源作为主要动力来源，以其他动力源为次要动力来源。主要动力源可独立驱动车辆，而次要动力源则用来辅助主要动力源强化性能、减轻负担。

（3）重度混合动力汽车。

重度混合动力汽车具有完全成熟的混合动力系统，它可以完全单靠任意一种动力源作为主要动力来源，也可以依靠两种及以上的动力源同步驱动产生更大的动力。重度混合动力汽车的控制电脑能够有效地运用各种动力源，实现适当动力与节省燃料兼备。

269. 根据动力系统结构形式，混合动力汽车可分为哪几种类型？

答：（1）并联式混合动力汽车。

在并联式混合动力汽车中，内燃机和电动机输出的动力各自通过机械传动系统传递，驱动车辆行驶。内燃机和电动机的动力在机械传动系统之前各自分开、互不干扰。由于现有的并联式混合动力大多不能单靠电力推动，通常被归类为中度混合动力汽车。

（2）串联式混合动力汽车。

串联式混合动力汽车是由内燃机直接带动发电机发电，产生的电能通过控制单元传递到电池和电动机，然后电动机负责提供动力来驱动汽车。根据电池容量的大小来区分，如果电池容量小而不足以独自为电动机提供电能，就是中度混合动力汽车；若电池容量大至汽车能以纯电驱动模式行驶一段距离，就是重度混合动力汽车。

（3）混联式混合动力汽车。

混联式混合动力汽车同时拥有功率相当的内燃机与电动机，可以依据路况选择纯电驱动模式、燃油驱动模式或混合动力模式。混联式混合动力汽车兼备并联式及串联式的功能及特性，并因此得名。由于内燃机与电动机都能各自独立驱动车辆行驶，因此混联式混合动力汽车必然属于重度混合动力汽车。

270. 什么是增程式混合动力汽车?

答：增程式混合动力汽车是内燃机直接带动发电机发电，产生的电能通过控制单元传递到电池和电动机，然后电动机负责提供动力来驱动汽车。当电池电量充足时采用纯电动模式行驶；当电量不足时，内燃机启动，带动发电机为电池充电，并提供电动机运行所需的电力。增程式混合动力汽车的内燃机仅为车辆提供电能，与车辆驱动系统没有传动轴（带）等传动连接。

271. 增程式混合动力汽车具有哪些特点?

答：（1）内燃机和驱动轮之间没有机械传动系统，内燃机可以工作在其速度–转矩图的任何点上。因此，根据车辆的驱动功率需求，可以控制内燃机总是工作在最低油耗区。在最低油耗区内，通过特殊设计和控制技术，内燃机的效率可以进一步提高，排放得以进一步控制。

（2）电动机的速度–转矩特性非常适应汽车牵引需求，驱动系统可以不再需要多挡位的变速器，结构得到简化。如果在两个驱动轮上各使用一个轮毂电机，就可以去掉机械差速器，实现两个车轮间的解耦。如果在四个车轮上各使用一个轮毂电机，每个车轮的速度和转矩就可以实现独立控制，提高车辆的机动性。

（3）内燃机和驱动轮之间实现了完全的机械解耦，动力总成的控制策略更简单。

（4）内燃机产生的能量经过两次能量转换才到达驱动轮，能量损失多，效率低。

（5）发电机的使用提高了车辆的质量和成本。

（6）电动机是驱动车辆的动力源，为满足车辆的加速和爬坡性能要求，其尺寸较大。

272. 什么是插电式混合动力汽车?

答：插电式混合动力汽车的动力电池可以利用电网进行充电补能。此外，插电式混合动力汽车必要时仍然可以选择燃油驱动模式或混合动力模式。因此，它具有较大容量的动力电池、较大功率的电机驱动系统及较小排量的发动机。

273. 插电式混合动力汽车具有哪些特点?

答：（1）低噪声和低排放。

（2）介于内燃机汽车和纯电动汽车之间，出行里程长时采用燃油驱动模式或混合动力模式，出行里程短时采用纯电动模式。

（3）可以在用电低谷时段进行充电，减小电网负荷的峰谷差。电比燃油便宜，可以降低使用成本。

（4）鉴于插电式混合动力汽车的行驶特性，动力电池荷电状态（SOC）会在很大的范围内波动，如深度充放电，循环寿命会受到一定影响，因此动力电池需要具备深充和深放的能力。

274. 动力电池有哪些分类?

答：动力电池可分为化学电池、物理电池和生物电池三大类。目前，大多量产电动汽车搭载的是化学电池，其是利用化学反应产生电能的特点而研制的电池。物理电池是依靠物理变化来提供、储存电能的电池。生物电池是指将生物质能直接转化为电能的装置，被视为未来电动汽车动力电池的重要发展方向之一。

275. 目前常见的商用动力电池（如磷酸铁锂电池、三元锂电池）中，哪种电池的能量密度高?

答：三元锂电池。三元锂电池的能量密度高于磷酸铁锂电池。三元锂电池的理论比容量为280mAh/g，实际比容量最大为190mAh/g；磷酸铁锂电池的理论比容量为170mAh/g，实际比容量最大为165mAh/g。在商业化的锂离子电池中，主流的三元锂电池能量密度普遍在140~160Wh/kg，高镍配比的三元锂电池为160~180Wh/kg，部分电池能量密度能够达到180~240Wh/kg；磷酸铁锂能量密度一般为90~110Wh/kg，部分电池，如刀片电池能量密度可达120~140Wh/kg。

276. 目前常见的商用动力电池中，哪种电池的低温性能好?

答：三元锂电池。三元锂电池的低温性能优异，在-20℃条件下可保持正常电池容量的70%~80%。磷酸铁锂电池不耐低温，气温降低时，电池衰减非常快，在-20℃条件下只能保持正常电池容量的50%~60%。

277. 目前常见的商用动力电池中，哪种电池的安全性能好?

答：磷酸铁锂电池。磷酸铁锂的结构稳定性强于三元锂电池。在充电不当的情况下，三元锂电池会产生氧气，而磷酸铁锂电池则不会产生氧气。在剧烈碰撞的情况下，三元锂电池会发生爆炸，而磷酸铁锂电池则不会。三元锂电池在200℃时会发生分解，而磷酸铁锂电池的分解温度则在800℃。因此磷酸铁锂电池更耐高温，更不容易着火，安全性更好。

278. 目前常见的商用动力电池中，哪种电池的单位成本低?

答：磷酸铁锂电池。三元锂电池需要钴、镍等价格高企且相对稀缺的金属材料，磷酸铁锂电池则无此问题，因此磷酸铁锂电池的成本更低。特别是，国内电动汽车补贴在2023年滑坡，三元锂电池凭借更高能量密度获得政策补贴的优势将有所减弱。

279. 目前常见的商用动力电池中，哪种电池的循环性能好?

答：磷酸铁锂电池。磷酸铁锂电池的充放电循环次数可以达到3500次以上，有些甚至能达到5000次，而三元锂电池的循环次数仅在2500次左右。

280. 电动汽车对动力电池有哪些基本要求?

答：电动汽车对动力电池的基本要求可以归纳为以下几点：

（1）高能量密度（比能量高）。

能量密度（比能量）是指在一定空间或质量的物质中储存能量的大小。动力电池能量密度越大，储存同样多的能量时自身体积越小，电动汽车的续航里程就越长。

（2）高功率密度（比功率高）。

电池的功率密度（比功率）是指在单位时间内，单位质量或单位体积的电池输出的能量大小。动力电池要有足够的功率密度，保证电流的输出能力，满足电动汽车的加速行驶和负载能力。

（3）充放电效率高，具有较长的循环寿命。

较高的充放电效率保证电池的能量能够有效利用。此外，动力电池需要不停地充放电，这就要求其具有较长的循环寿命。

（4）较好的充放电性能。

动力电池应能够稳定工作，理想的动力电池应不随剩余电量的变化而发生输出电压或输出电流的变化。

（5）价格较低，使用寿命长。

电池系统占据了电动汽车成本的30%~50%，降低电池的成本就意味着电动汽车成本降低。同时，较长时间的使用寿命意味着较低的用车成本。

（6）安全性好，使用维护方便。

动力电池一般安装在车底或车侧面，在车辆工作中特别是在恶劣环境下，动力电池的安全性对驾驶人和乘客的生命有着重要的意义。

281. 对于混合动力电动汽车，汽车尾气排放检测有何困难?

答：现行车辆排放检测方法对于传统燃油车型与混合动力电动汽车车型没有区别，而两种车型的工作模式不同，导致部分车型无法顺利完成检测或不能真实反映车辆的排放状况。混合动力电动汽车部分车型不能选择发动机常工作模式。无法选择发动机常工作模式的车型仅在急加速或等速大于一定车速（以上列举的车型均大于40km/h）时，发动机才启动工作，导致无法正常完成尾气排放简易工况法检测；不可外部充电的混合动力电动汽车，无法通过正常行驶耗电进入馈电状态，导致无法正常完成尾气排放简易工况法检测；全时四驱的车型，或是发动机不启动，或是怠速转速受限，也同样无法正常完成尾气排放双怠速法检测。

282. 对于混合动力电动汽车，汽车尾气排放如何检测?

答：混合动力电动汽车在25km/h等速工况下，一般为纯电运行模式，无尾气排放。简易瞬态工况法工况曲线包括三段分别加速至15km/h、32km/h、50km/h的工况，且最高车速达到50km/h，因等速车速较高且包括了加速工况，相对更能维持混合动力车型在检测过程中发动机的工作时长。同时采用简易瞬态工况法对整个运行工况进行尾气采样，包括了等速、加速和减速工况。

283. 电动汽车的动力电池在使用时，有什么注意事项?

答：（1）锂电池内部阻抗大，大电流放电特性不理想，使用时应对其放电电流加以控制。

（2）注意锂电池的充电方式为恒定电流、恒定电压充电。

（3）锂电池充电电压不得超过4.2V，否则，过电压会导致正极析出金属锂而引发事故。放电电压不得低于2.5V，否则，电解质被分解，电池内部压力上升，会导致爆炸或使负极材料流出。

（4）注意防止锂电池暴露在极端温度环境中，外界环境温度过高或过低，都会影响电池的使用寿命，严重时甚至能够引发自燃、爆炸等事故。

（5）注意避免长时间加速行驶导致大电流持续放电影响电池的使用性能。

（6）电动汽车长时间不用，需要定期检查锂电池电压，保证电压处于安全范围。

284. 什么是电动汽车的动力电池系统?

答：动力电池系统是指给电动汽车的驱动提供能量的一种能量储存和释放装置，通常由一个或多个电池包及电池管理系统（BMS）组成，包括电芯、电池管理系统、冷却系统、线束、外壳、结构件等相关组件。

285. 电动汽车动力电池热失控诱因有哪些?

答：从目前已知的引发热失控的原因来看，分为外部原因和内部原因。外部原因如电动汽车碰撞（动力电池受到挤压）、电动汽车浸水（动力电池长时间浸泡在水中）、动力电池冷却系统失效和长时间高温或低温工况运行等。内部原因如电池的过充电、过放电，电池老化，锂枝晶等。一般情况下都是外部故障引发内部故障，特别是个别单体电池故障导致电池包故障，最后导致动力电池热失控。

286. 电动汽车的动力电池在维护保养中应注意哪些问题?

答：（1）在维护时主要检查动力电池外观是否有磕碰、漏液、出现裂纹等现象，如果电池外壳出现破损、渗漏问题要立即进行检修。

（2）检查电池与底盘是否连接可靠，如有松动、异响应及时修复。注意检查接头状态，有污垢、锈蚀要及时清理，防止接触不良引发事故。检查各连接件，如有变形、松动等问题要及时更换。

（3）BMS检测的锂电池的电压、电流、温度等参数，如果出现异常，将启动安全保护，防止电池发生事故。维护BMS主要检查供电线路是否正常，与整车控制器（VCU）的通信连接是否正常。

287. 什么是化学电池?

答：化学电池是利用物质的化学反应产生电能而研制的电池。按照工作性质，可以将其分为原电池（一次电池）、可充电电池（二次电池）、燃料电池和储备电池。原电池主要是指经过一次放电后不能用简单的充电方法使活性物质复原从而继续使用的电池。可充电电池是指经过一次放电后可继续采用充电的方式使活性物质复原从而继续使用的电池。燃料电池，如氢燃料电池是将氢气和氧气的化学能直接转换成电能的发电装置。储备电池是指电池的正负极与电解液在储存期间不能接触，使用前注入电解液与正负极接触的电池。

288. 什么是锂离子电池?

答：锂离子电池，是一种20世纪90年代发展起来的高容量可充电电池，通常称为锂电池。锂电池一般采用含有锂元素的材料作为正极，采用碳材料作为负极。它主要依靠锂离子在正极和负极之间移动来工作。在充放电过程中，Li^+在两个电极之间往返嵌入和脱出：充电时，Li^+从正极脱嵌，经过电解质嵌入负极，负极处于富锂状态；放电时则相反。

锂电池具有比能量大、使用寿命长、自放电率小、工作温度范围宽（-20~60℃），循环性能优越，可快速充放电，充电效率高（高达100%），无记忆效应等特点。目前，大多量产的电动汽车搭载的是锂电池。常见的锂电池包括了磷酸铁锂电池、三元锂电池等。

289. 什么是磷酸铁锂电池?

答：磷酸铁锂电池是指用磷酸铁锂作为正极材料的锂电池。磷酸铁锂电池采用石墨等碳材料作为负极材料。石墨导电性好，结晶度好，具有良好的层状结构，适合锂离子的嵌入和脱出，能提高电池性能。磷酸铁锂电池的电解质主要采用溶解有六氟磷酸锂的电解液。

290. 什么是三元锂电池?

答：三元锂电池是指用三元材料作为正极材料的锂电池。正极材料是以镍盐、钴盐、锰盐为原料，综合了钴酸锂、镍酸锂和锰酸锂三类材料的优点，此外三元协同效应的存在提升了锂电池的性能。三元锂电池正极材料中的镍、钴、锰的比例可以根据实际需要进行调整。三元锂电池采用石墨等碳材料作为负极材料。石墨导电性好，结晶度好，具有良好的层状结构，适合锂离子的嵌入和脱出，能提高电池性能。三元锂电池的电解质主要采用溶解有六氟磷酸锂的电解液。

291. 磷酸铁锂电池与三元锂电池有哪些不同点?

答：表5为磷酸铁锂电池与三元锂电池特点对比。

表5　磷酸铁锂电池与三元锂电池特点对比

项目	磷酸铁锂电池	三元锂电池
能量密度	低（振实密度低）	高（振实密度高）
低温性能	差	好
安全性能	好（耐高温性好）	差（耐高温性差）
成本	低	高
使用寿命	长	短
环境影响	绿色环保	元素有毒（钴）

292. 什么是全固态电池和半固态电池?

答：全固态电池是一种使用固态电解质而非液态电解质的二次电池。全固态电池包括正极、负极和固态电解质，其中固态电解质替代了传统二次电池的液态电解质和隔膜。与现有锂离子电池相比，全固态锂电池具有高安全性、高能量密度、高功率特性、温度适应性优异等特性。

半固态电池是一种电解质采用固液混合形态，电池中液体（电解液）质量占比为5%~10%的二次电池。一般将“电池内液体质量占比10%”作为半固态电池和液态电池的分界线。一般半固态电池包括正极、负极、固液混合电解质和隔膜。半固态锂电池可以视作液态锂电池和全固态锂电池的折中方案。与现有锂离子电池相比，半固态锂电池体积小，更加稳定安全，可以实现更高的能量密度。

293. 相较于传统的锂电池，全固态锂电池有哪些特点？

答：与传统锂电池相比，全固态锂电池有以下特点。

（1）高安全性。硫化物固态电解质的热稳定性可以保持到300℃，液态电解质在100℃就会蒸发。

（2）高能量密度。不仅从单体电池，而且从电池模组的角度来看，全固态电池都有潜力实现高能量密度，所以全固态锂电池的理论能量密度更高；而且全固态电池可以做成双极板，不需要太多电池外壳，像燃料电池一样串叠起来就可以，因此能够从单体和模组两个方面提升能量密度。

（3）高功率特性。锂离子在固态电解质中的传导模式是跳跃模式，传递速率更高，充电速度可以大幅提高。

（4）温度适应性优异。全固态电池的电解质在-30~100℃的范围内都不会凝固，不会汽化，所以温度适应性很好，不需要很复杂的热管理措施，容量不会在冬天大幅下降。

（5）材料的选择范围广。因为全固态电池的电化学窗口宽，如卤化物抗氧化特性非常好，可以适应高压，硫化物可以适应低电压，把这两种材料配合起来，就可以做成电化学窗口很宽的电池，进一步提升电压。

（6）不同特性可以同时满足。全固态电池的充电倍率提升，电池寿命反而呈增长趋势。实验表明，全固态电池1C循环1000次，5C反而可以循环10000次，这与传统锂电池的特性不一样。

294. 什么是电池内阻？

答：电池内阻是指电池在工作时，电流流过电池内部所受的阻力，包括欧姆内阻与极化内阻两部分。内阻是衡量电池性能的一个重要参数，一般以充电态内阻为标准。电池内阻大，会导致电池放电时工作电压降低，放电时间缩短。内阻大小主要受电池的材料、制造工艺、电池结构等因素的影响。电池的内阻需要用专用内阻仪测量，而不能用万用表欧姆挡测量。

295. 什么是电池的标称电压和开路电压?

答：电池的工作电压又称端电压，是指电池在工作状态下即电路中有电流流过时电池正负极之间的电势差。电池的标称电压又称为额定电压，指的是在正常工作过程中表现出来的电压，二次镍镉、镍氢电池标称电压为1.2V；二次锂电池标称电压为3.6V或3.7V。开路电压是指电池在非工作状态下即电路无电流流过时，电池正负极之间的电势差，开路电压往往大于工作电压。

296. 什么是电池容量?

答：电池容量是衡量电池性能的重要指标之一，它表示在特定条件下电池所能放出的电量，单位有Ah、mAh等。电池容量按照不同条件分为额定容量、理论容量与实际容量等。

电池的额定容量是指在规定条件下测得的并由制造商标明的电池容量值。国际电工委员会（IEC）标准规定镍镉和镍氢电池在20℃ ± 5℃环境下，以0.1C（充放电倍率是指电池在规定时间内充入或放出额定容量需要的电流值，是充放电快慢的量度。充放电倍率=充放电电流/电池额定容量，单位是C）充电16小时后以0.2C放电至1.0V时所放出的电量为电池的额定容量，以C5表示。而对于锂离子电池，则规定在常温、恒流（1C）—恒压（4.2V）控制的充电条件下充电3小时，再以0.2C放电至2.75V时所放出的电量为其额定容量。

电池的理论容量是指活性物质全部参加电池反应所给出的电量。电池的实际容量是指电池在一定的放电条件下所放出的实际电量，主要受放电倍率和温度的影响（故严格来讲，电池容量应指明充放电条件）。

297. 什么是电池的额定容量和初始容量?

答：电池的额定容量是指在规定条件下测得的并由制造商标明的电池容量

值。电池的初始容量是指新出厂的动力蓄电池，在室温下，完全充电后，以1小时率（n小时率：表示蓄电池放电电流大小的参数，如果以电流I放电，蓄电池在n小时内放出的电量为额定容量，该放电率称为n小时放电率）电流放电至企业规定的放电终止条件时所放出的容量。

298. 什么是电池的额定能量和初始能量?

答：电池的额定能量是指室温下完全充电的电池以1小时率电流放电，达到放电终止电压时放出的能量（Wh）。电池的初始能量是指新出厂的动力蓄电池，在室温下，完全充电后，以1小时率电流放电至企业规定的放电终止条件时所放出的能量（Wh）。

299. 什么是电池的放电残余容量?

答：对可充电电池用大电流（如1C或以上）放电时，由于电流过大使内部扩散速率存在“瓶颈效应”，致使电池在容量未能完全放出时已到达终点电压，再用小电流（如0.2C）还能继续放电，直至1.0 V（镍镉和镍氢电池）或3.0 V（锂电池）时所放出的容量称为放电残余容量。

300. 什么是电池的荷电状态与健康状态?

答：电池的荷电状态（SOC）是指电池使用一段时间或长期搁置不用后的剩余容量与其完全充电状态的容量的比值，常用百分数表示。其取值范围为0~1，当SOC=0时表示电池放电完全，当SOC=1时表示电池完全充满。锂离子电池的SOC不能直接测量，只能通过电池端电压、充放电电流及内阻等参数来估算大小，这些参数会受电池老化、环境温度变化及汽车行驶状态等多种不确定因素的影响。

电池的健康状态（SOH）是指蓄电池容量、健康度、性能状态，简单地说是电池使用一段时间后性能参数与标称参数的比值，新出厂电池为100%，完全报废电池为0。SOH是电池从满充状态下以一定的倍率放电到截止电压所放出的容量与其所对应的标称容量的比值，可简单地理解为电池的极限容量大小。电池的内阻与SOH存在一定的关系，SOH越低，电池内阻越大。

301. 什么是电池的放电平台?

答：电池的放电平台是针对可充电电池而言的，是表征可充电电池平稳放电的时间或容量的参数。放电平台通常是指电池在一定的放电条件下放电时，电池的工作电压比较平稳的放电时间或容量。放电平台的数值大小与放电电流有关，电流越大，其数值就越低。

对于锂离子电池而言，放电平台主要表征的是电池在满荷电状态下、在规定的放电条件下（如倍率和温度等）放电至额定电压的时间或容量，这段时间越长（放电容量越大）表明锂离子电池放电平台的数值越高，即该电池性能越好。锂离子电池的放电平台一般是恒压充电充到电压为4.2V且电流小于0.01C时停止充电，然后搁置10分钟，在任何倍率的放电电流下，电池放电至3.6V时的放电时间或放电容量。

302. 什么是电池的充电效率?

答：电池的充电效率是库仑效率与能量效率的总称。库仑效率（安时效率）是指放电时从蓄电池中释放的容量与同循环过程中充电容量的比值。能量效率（瓦时效率）是指放电时从蓄电池中释放的能量与同循环过程中充电能量的比值。其中，库仑效率（安时效率）=（放电电流 × 放电至截止电压的时间）÷（充电电流 × 充电时间） × 100%。

电池的库仑效率受充电速率（功率）、环境温度、电池工艺（如内阻）等因素的影响，充电时电流必须在一定范围内，电流太小或太大库仑效率都会很低；充电时环境温度存在上下限，环境温度过高或过低库仑效率都会很低；此外充电功率（速度）越大，库仑效率越低。

303. 什么是电池的自放电?

答：电池的自放电是指蓄电池内部自发的不期望的化学反应造成可用容量自动减少的现象，其表示的是在开路状态下，电池储存的电量在一定环境条件下的保持能力。一般而言，自放电主要受制造工艺、材料、储存条件的影响。自放电是衡量电池性能的主要参数之一。一般而言，电池储存温度越低，自放电率也越低，但温度过低或过高均有可能造成电池损坏，无法使用。电池充满电开路搁置一段时间后，一定程度上的自放电属于正常现象。

304. 什么是充电态内阻与放电态内阻？两者有何不同？

答：充电态内阻指电池100%充满电时的内阻；放电态内阻指电池充分放电（放电到截止电压）后的内阻。

一般说来，放电态内阻不太稳定，且偏大，充电态内阻较小，阻值也较为稳定。因此，在电池的使用过程中，只有充电态内阻具有实际意义，在测量中以充电态内阻作为测量标准。在电池使用的后期，由于电解液的枯竭以及内部化学物质活性的降低，电池内阻会有不同程度的升高。

305. 影响电池使用寿命的主要因素有哪些？

答：影响电池使用寿命的主要因素有以下三个方面。

（1）充电时最好使用具备正确终止充电装置（如防过充时间装置、负电压差切断充电和防过热感应装置）的充电器，以免电池因过充而缩短使用寿命。一般来说，慢速充电比快速充电更能延长电池的使用寿命。

（2）放电时，放电深度是影响电池使用寿命的主要因素，放电深度越高，电池的使用寿命就越短。换句话说，只要降低放电深度，就能大幅延长电池的使用寿命。因此，应避免将电池过放至极低的电压。电池在高温下放电时，会缩短电池的使用寿命。把不同电容量、化学结构或不同充电水平的电池，以及新旧不一的电池混合使用时，亦会令电池放电过多，甚至造成反极充电。

（3）电池若长时间在高温下储存，会令其电极活性衰减，缩短使用寿命。

306. 我国新能源汽车产业的发展规划愿景是什么？

答：根据《新能源汽车产业发展规划（2021—2035年）》，到2025年，我国新能源汽车市场竞争力明显提高，动力电池、驱动电机、车用操作系统等关键技术取得重大突破，安全水平全面提升。纯电动乘用车新车平均电耗降至12.0千瓦时/百公里，新能源汽车新车销售量达到汽车新车销售总量的20%左右，高度自动驾驶汽车实现限定区域和特定场景商业化应用，充换电服务便利性显著提高。

力争经过15年的持续努力，我国新能源汽车核心技术达到国际先进水平，质量品牌具备较强国际竞争力。纯电动汽车成为新销售车辆的主流，公共领域用车全面电动化，燃料电池汽车实现商业化应用，高度自动驾驶汽车实现规模化应用，充换电服务网络便捷高效，氢燃料供给体系建设稳步推进，有效促进节能减排水平和社会运行效率的提升。

307. 推广新能源汽车可以实现节能减排吗？在我国现有发电结构下，新能源汽车的排放情况如何？

答：我国现有的发电结构未能为新能源汽车的节能减排提供有效支撑，新能源汽车的能源消费依然有很大一部分来自火力发电，行驶过程中减少的碳排放被转移到了发电部门，以火电为重的电源结构让电动车实际上变成了“用煤开车”。电力结构的绿色转型是发挥新能源汽车碳减排效应的重要前提。由于新能源汽车对电力的消耗较大，因此根据电力供需情况进行异质性分析更能说明新能源汽车通过电力消耗对碳排放的影响。结果显示，在以火力发电为主的地区，新能源汽车的推广反而增加了地区的碳排放量，但对电力供给短缺地区的碳排放并未产生显著影响，进一步说明本地电力生产结构与发挥新能源汽车的碳减排效应有一定的相关性。

308. 哪些大众认知中的纯电动汽车（乘用车）可以进入《减免车辆购置税的新能源汽车车型目录》？

答：（1）纯电动乘用车30分钟最高车速不低于100km/h。

（2）纯电动乘用车续航里程不低于200km。

（3）纯电动乘用车动力电池系统的质量能量密度不低于125Wh/kg。

（4）对按照《电动汽车能量消耗量和续驶里程试验方法　第1部分：轻型汽车》（GB/T 18386.1—2021）中“附录A”进行检测的纯电动乘用车车型，其低温里程衰减率不超过35%的，电池系统能量密度应不低于95Wh/kg，续航里程不低于120km。

（5）纯电动乘用车产品，按整车整备质量（m，kg）的不同，百公里电能消耗量目标值（Y）应满足以下要求：$m \leqslant 1000$时，$Y \leqslant 0.0112m+0.4$；$1000<m \leqslant 1600$时，$Y \leqslant 0.0078m+3.8$；$m>1600$时，$Y \leqslant 0.0048m+8.60$。

（6）换电模式车型还需提供满足《电动汽车换电安全要求》（GB/T 40032—2021）等标准要求的第三方检测报告，以及生产企业保障换电服务的证明材料。企业自建换电站的，需提供换电站设计图纸和所有权证明；委托换电服务的，需提供车型、换电站匹配证明、双方合作协议等材料。

309. 哪些插电式（含增程式）混合动力汽车（乘用车）可以进入《减免车辆购置税的新能源汽车车型目录》？

答：（1）插电式（含增程式）混合动力乘用车纯电动续航里程应满足有条件的等效全电里程不低于43km。

（2）插电式（含增程式）混合动力乘用车电量保持模式试验的燃料消耗量（不含电能转化的燃料消耗量）与《乘用车燃料消耗量限值》（GB 19578—2021）中对应车型的燃料消耗量限值相比：整备质量为2510kg以下的乘用车，应小于60%；整备质量为2510kg及以上的乘用车，应小于65%；最大设计总质量超过3500kg的乘用车燃料消耗量限值要求，参照GB 19578—2021中最大设计总质量为3500kg乘用车燃料消耗量限值执行。

（3）插电式（含增程式）混合动力乘用车电量消耗模式试验的电能消耗量与同等整备质量纯电动乘用车电能消耗量目标值的比值：整备质量为2510kg以下的乘用车，应小于125%；整备质量为2510kg及以上的乘用车，应小于130%。

310. 根据《新能源汽车保险事故动力蓄电池查勘检测评估指南》，事故后动力蓄电池风险级别如何划分？

答：根据《新能源汽车保险事故动力蓄电池查勘检测评估指南》，应按照事故场景与损伤情况确定动力蓄电池风险级别，如表6所示。

表6　动力蓄电池风险级别

风险级别	事故场景与损伤情况
一级	动力蓄电池未遭受碰撞或动力蓄电池箱体轻微变形；无故障报警
二级	动力蓄电池遭受碰撞，箱体有一定变形；安全气囊起爆；水淹事故插接口有水渍；高压已断电；有故障报警；漏液
三级	动力蓄电池遭受碰撞，箱体变形、模组或电芯外露或破损、高压线裸露；动力蓄电池温度异常，有异味、烟雾，有过火迹象；水淹事故且车辆长期浸泡；有故障报警

311. 根据《新能源汽车保险事故动力蓄电池查勘检测评估指南》，动力蓄电池损伤程度如何划分?

答：根据动力蓄电池损伤范围及程度，结合事故类型，将动力蓄电池损伤程度划分为四级，如表7所示。

表7　动力蓄电池损伤程度

损伤级别	事故类型	损伤范围及程度
一级	轻微托底事故、水淹事故	外观检查箱体有划伤，但未伤及冷却板，无故障报警。除外观检查外无其他检测项目异常
二级	碰撞事故、托底事故	外观检查箱体变形（模组、单体蓄电池、冷却板未损伤）、固定支架损伤、插接件损伤，有故障报警、动力蓄电池检查内部保险丝或继电器等控制模块损坏。无其他检测项目异常
三级	水淹事故、严重碰撞事故、托底事故	外观检查箱体严重变形、固定支架损伤、插接件损伤，诊断检查有故障报警，气密性检测异常，模组或单体蓄电池损坏，冷却管路损坏、冷却液泄漏、动力蓄电池平衡阀进水、插接件进水
四级	水淹事故、严重碰撞事故、托底事故、火灾事故	动力蓄电池箱体有高压线束、模组或单体蓄电池裸露或破损、温度异常、冒烟、起火、过火痕迹，安全检测异常，模组长期浸泡水淹导致蓄电池模组或单体蓄电池大面积损坏

312. 新能源汽车的续航里程（能量消耗量）有哪些测试工况?

答：主要有中国轻型汽车行驶工况（CLTC）、新欧洲驾驶循环（NEDC）、全球统一轻型车测试循环（WLTC）和美国环境保护署（EPA）测试循环。

（1）CLTC脱胎于欧洲的世界轻型车测试循环工况（WLTP），在制定时考虑了国内实际用车环境，包含慢速、中速和快速三个测试阶段，测试时长同样是1800秒，行驶里程为14.5km，最高时速114km，整体平均车速为28.96km/h。删除了WLTP中的超高速工况，这就导致测试环境基本上都是低能耗场景，忽略了高能耗场景下的实际表现，导致CLTC的数据相比NEDC工况会更高一些。

（2）NEDC工况分为市区工况和市郊工况，市区工况最高时速只有50km，平均车速19km/h，市郊工况平均车速62.6km/h，测试时间总计为1180秒，测试总长11.022km，测试中空调、大灯及座椅通风/加热这些配置都会被关闭。简单来讲，NEDC工况特点是测试时间短、里程小、速度低、匀速工况多，是非常理想的测试环境，所以测试出来的基本上也就是理论上的续航里程，和实际用车工况并不是很符合，导致续航“虚标”比较严重。

（3）WLTC工况广泛适用于欧盟、美国、日本、韩国等众多的国家（地区），最大的特色就是更长的驾驶周期，也考虑了更加现实的驾驶因素，测试时间为1800秒，分为低速、中速、高速与超高速四个部分，测试速度范围是46~131km/h，主要针对NEDC工况暴露的问题进行了优化，测试出的续航里程也更加接近现实使用情况。

（4）EPA工况是现阶段美国在用的续航里程测试标准，测试中包括市区工况、高速工况、高速加速工况与能耗相对较高的空调工况，整体跑法更复杂、车速变化更多、测试时间更长，还补充了空调全负荷、高速与急加速的工况，测试时车辆还要有200kg的负载，可以看作目前最严苛的测试工况。

313. 为什么新能源汽车的实际续航里程和厂商宣传的续航里程存在较大差异?

答：原因主要有以下两个方面。

（1）目前，我国测试新能源汽车的续航里程主要采用CLTC，CLTC包含慢速、中速和快速三个测试阶段，CLTC的平均速度低（全程37km/h），加减速频繁。新能源汽车都带有刹车动能回收系统，制动能量大部分得以回收，通过让电机反向旋转来为电池充电。动能回收的效率约为70%，能量只损失了30%，而燃油车是100%。一些车企采用单踏板模式，让车辆在路口前完全通过动能回收停车，回收的电量更多，因此新能源汽车在走走停停的情况下续航里程更高，CLTC更接近新能源汽车在市区行驶的续航。

（2）CLTC只包含慢速、中速和快速三个测试阶段，不包含超高速工况，这就导致测试环境基本上都是低能耗场景，忽略了高能耗场景下的实际表现。新能源汽车一旦上了市内的快速高架路或高速公路，刹车即很少使用，动能回收功能处于无法利用的情况，电池无法再充电，一直处于放电状态，续航里程明显缩短。新能源汽车的效率极高，对于空气阻力的变化也更“敏感”，空气阻力随着速度的平方和滚动阻力的增加而增加，高速行驶会让电池的能耗以平方的形式快速增长。新能源汽车的电机高速运转时效率比燃油车低，大多数电动车只有一个挡位，传动和冷却结构的效率都不如燃油车，因此高速能耗相对更高。

314. 车网互动（新能源汽车与电网融合互动）中，新能源汽车优势有哪些?

答：新能源汽车具有天然的“电力海绵”特性。随着新能源汽车续航能力不断增加，将是非常好的移动储能资源，同时相比工业和居民负荷可中断性强、可双向互动、调节灵活性大，可以在电源侧和负荷侧充分发挥“电力海绵”作用。

从充电特性分析，新能源汽车用户在居住区或工作地一般停留时间较长，停留时间平均达3小时以上，可控占比达到30%，呈现出“充电时间有弹性、充电行为可引导”的特征，通过市场和技术手段，可实现新能源汽车与电网互动。

从成本角度分析，目前，对标固定化学储能和抽水蓄能，分析平准化度电成本趋势，新能源汽车参与电网互动的成本已明显低于其他储能技术。

从收益角度分析，新能源汽车参与电网互动的市场条件已经具备，通过聚合充电桩参与电力调峰、需求响应、绿电交易等多类市场来获取收益的机制已初步形成。

315. 电池的适宜储存条件是什么?电池长期储存时需要充满电吗?

答：根据IEC标准规定，电池应在温度为20℃±5℃、湿度为65%±20%的条件下储存。过低或过高的温度都会影响电池的正常工作和寿命。同时，存放动力电池时还要避免直接日光曝晒，以免温度过高。且过高或过低的湿度也会引起电池内部物质的腐蚀或结晶，从而影响电池性能和寿命。在存储时，还要注意电池不要受到雨水或其他液体的浸泡。动力电池存放时要保持通风良好，特别是在高温天气时，必须做好散热工作，防止电池自燃或爆炸。严禁将锂电池与金属物体混放，以免金属物体触碰到电池正负极，造成短路，损害电池甚至造成危险。

如果要长期保存电池，则尽量放在干燥低温的环境下并让电池剩余电量在40%左右最为理想。当然，每个月最好把电池拿出来用一次，既能保证电池良好的保存状态，又不致让电量完全流失而损坏电池。

316. 电池、电池组无法充电的可能原因是什么？

答：（1）电池零电压或电池组中有零电压电池。

（2）电池组连接错误，内部电子组件保护电路出现异常。

（3）充电设备故障，无输出电流。

（4）外部因素导致充电效率太低（如极低或极高温度）。

317. 电池、电池组无法放电的可能原因是什么？

答：（1）电池经储存、使用后，寿命衰减。

（2）充电不足或未充电。

（3）环境温度过低。

（4）放电效率较低，如大电流放电时电池由于内部物质扩散速度跟不上反应速度，造成电压急剧下降而无法放出电。

318. 什么是电池的过充电？过充电对电池有哪些影响？

答：电池的过充电是指当电芯或电池完全充电后继续进行充电。

在电池电量已满的情况下继续充电会导致正极材料结构变化，造成容量损失。锂电池过充电时，正极会分解产生氧气，如果充电电流过大，或充电时间过长，氧气来不及消耗，就可能造成内压升高、电池变形、漏液等不良现象，产生不可修复的损坏，严重时会导致气体过多膨胀漏气或爆炸。同时，其电性能也会显著降低。

319. 防止电池过充电的控制策略有哪些？

答：为了防止电池过充电，需要对充电终点进行控制，当电池充满时，可利用一些特别的信息来判断充电是否达到终点，一般有以下五种策略来防止电池被过充：

（1）峰值电压控制：通过检测电池的峰值电压来判断充电的终点；

（2）dT/dt控制：通过检测电池峰值温度变化率来判断充电的终点；

（3）ΔT控制：电池充满电时，温度与环境温度之差会达到最大；

（4）$-\Delta V$控制：当电池充满电达到一峰值电压后，电压会下降；

（5）计时控制：通过设置一定的充电时间来控制充电终点，一般设定为充进130%标称容量所需的时间。

320. 什么是电池的过放电？过放电对电池有哪些影响？

答：电池的过放电是指当电芯或电池完全放电到规定电压后继续进行放电。

电池过放电会使电池内压升高，正负极活性物质可逆性受到破坏，即使充电也只能部分恢复，容量也会有明显衰减。电池过放电还会造成负极板层状塌落，重新充电时会限制嵌入负极的锂离子的数量，造成电池容量下降、内阻增大、寿命缩短等不可逆的损伤。

321. 充电电池膨胀的主要原因是什么？

答：（1）电池保护电路不良。

（2）电池无保护功能发生电芯膨胀。

（3）充电器性能不良，充电电流过大造成电池膨胀。

（4）电池受高倍率大电流连续过充。

（5）电池被强制过放。

（6）电池本身设计的问题。

322. 新购买的电动汽车和一段时间不使用的电动汽车，在充电时有何注意事项？

答：新购买的电动汽车及一段时间不使用的电动汽车的动力电池在放置一段时间后会进入休眠状态，此时容量低于正常值，影响续航里程。但锂电池只要经过3~5次正常的充放电循环就可激活电池，恢复正常容量。锂电池本身几乎没有记忆效应，因此在激活过程中，不需要特别的方法和设备。采用标准方法充电，是使新锂电池和放置一段时间的锂电池“自然激活”的最好的充电方式。

323. 电动汽车在充放电过程中有何注意事项？

答：电动汽车在充放电过程中须注意以下事项。

（1）切忌过充电和过放电。

（2）充电时，优先使用慢充，以慢充为主、快充为辅。

（3）三元锂电池的日常使用电量范围为20%~90%，每月至少满充满放一次（满充：电量充到90%，满放：续航至50km以下）。

（4）磷酸铁锂电池的日常使用电量范围为20%~100%，每周至少满充满放一次（满充：电量充到100%，满放：续航至50km以下）。

324. 什么是电动汽车的充电设备?

答：充电设备是指与电动汽车或动力电池相连接，并为其提供电能的设备，一般包括非车载充电机、车载充电机等。非车载充电机是指安装在电动汽车车体外，固定安装在地面，将交流电能转换为直流电能，采用传导方式为电动汽车动力电池充电的专用装置。车载充电机与非车载充电机相似，区别在于车载充电机固定安装于电动汽车上运行。

325. 我国充电基础设施体系的发展规划目标是什么?

答：根据《关于进一步构建高质量充电基础设施体系的指导意见》，到2030年，基本建成覆盖广泛、规模适度、结构合理、功能完善的高质量充电基础设施体系，有力支撑新能源汽车产业发展，有效满足人民群众出行充电需求。建设形成城市面状、公路线状、乡村点状布局的充电网络，大中型以上城市经营性停车场具备规范充电条件的车位比例力争超过城市注册电动汽车比例，农村地区充电服务覆盖率稳步提升。充电基础设施快慢互补、智能开放，充电服务安全可靠、经济便捷，标准规范和市场监管体系基本完善，行业监管和治理能力基本实现现代化，技术装备和科技创新达到世界先进水平。

326. 电动汽车的充电方式有哪些?

答：电动汽车充电方式包括传导式充电方式和无线充电方式两类。

（1）传导式充电方式。

传导式充电方式又称为接触充电方式。供电设备固定接入交流电网或直流电网，并通过充电线与电动汽车连接。

（2）无线充电方式。

无线充电方式又称为非接触充电方式。供电设备和电动汽车之间不需要借助充电线连接，利用电磁感应原理或其他相关的交流感应技术，在发送和接收端用相应的设备发送和接收产生感应的交流信号来进行充电。无线充电方式大致分为电磁感应方式充电、磁共振方式充电和微波方式充电三种。

327. 目前国内给电动汽车整车充电所采用的模式有哪几种?

答：目前，国内给电动汽车整车充电一般采用两种模式，即快速充电（直流充电）模式和常规充电（交流充电）模式。

（1）快速充电（直流充电）模式。

快速充电是电动汽车特殊或紧急情况下使用的一种充电方式。快速充电模式能在0.5~2小时内使电动汽车的电池达到或接近完全充电状态。

（2）常规充电（交流充电）模式。

常规充电模式可在充电站等场所使用交流充电桩，或者交流适配器电源对电动汽车充电。常规充电是电动汽车常用的一种充电方式。采用常规模式充电时，电池一般需要5~8小时达到或接近完全充电状态。

328. 快速充电（直流充电）模式有哪些特点?

答：快速充电（直流充电）模式的特点如下。

（1）可以快速补充电池的电能。

（2）影响电池的寿命。

（3）充电电流大（80~250A），当大量电动汽车采用快速充电（直流充电）模式充电时，将会对供电网络系统的稳定性产生影响。

（4）成本高，占地面积大，配电要求高，需要大型变压器。

329. 常规充电（交流充电）模式有哪些特点?

答：常规充电（交流充电）模式的特点如下。

（1）补能时间长。

（2）不影响电池寿命。

（3）充电电流小（16~32A），对供电网络系统的稳定性影响较小。

（4）成本低、占地面积小、布点灵活，配电要求低。

（5）长时间占用车位，对电动汽车的停靠时间和地点有严格要求。

330. 目前实现快充有哪些技术路线?

答：目前实现快充有两条技术路线：大电流快充技术和高压快充技术。

（1）大电流快充技术，需要升级电芯的材料体系和结构，以提高单体电芯的最大充电电流，对电池的各个部分进行分区同时充电，对热管理要求高，技术难度较大，因此推广难度较大。

（2）高压快充技术是目前车企实现快充的主流选择，该技术难度相对较小，成本相对可控。

331. 目前充电桩产业链主要包括哪些企业?

答：充电桩产业链主要构成包括：

（1）上游。主要为充电桩设备元器件供应商，包括充电模块、继电器、接触器、监控计量设备、充电枪、充电线缆、主控制器、通信模块及其他零部件。

（2）中游。主要为充电桩及其他充电设备生产商，包括直流充电设备生产商和交流充电设备生产商。

（3）下游。主要为运营服务商及终端客户，包括换电站、充电站、新能源汽车厂商及配套运营服务商。

332. 中国充电桩领域有哪些建设运营模式?

答：目前，中国充电桩领域有以下四种建设运营模式：

（1）第一种是以特来电、星星充电等为代表的资产型运营商，专注于自有资产运营，并与其他运营商和第三方平台开展合作，以实现用户端的流量互补。

（2）第二种是以能链智电、快电、朗科科技为代表的第三方充电服务商，不参与充电桩的投资建设，而是将各充电运营商的充电桩整合接入自营平台，通过第三方充电网络连接用户及资产型充电运营商。

（3）第三种是以特斯拉、蔚来为代表的车企充电运营商，为自有车主提供公共充电服务，车企主导建桩主要分为自主建桩、合作建桩两种模式。

（4）第四种是以国家电网为代表的众筹建桩运营商。众筹建桩需“投资方+充电服务运营商+场地资源方”多方合作，此模式要求资源招募方在行业中有强大的背景和号召力，场地合伙人分享服务费分成，资金合伙人获取保底或按比例服务费分成，充电站合伙人通过软硬件调试提升运营效率。

333. 在动力电池充电过程中，电动汽车主要采用哪些方法进行充电?

答：在充电过程中，电动汽车主要采用定流（恒流）和定压（恒压）两种方法进行充电。定流（恒流）充电是指充电全过程中，保持充电电流基本恒定的充电方法。定压（恒压）充电是指充电过程中，电源电压始终保持不变的充电方法。

334. 电动汽车的整车充电过程大致可分为哪几个阶段?

答：电动汽车的充电过程大致可分为三个阶段，分别是定流（恒流）阶段、定压（恒压）阶段和截止阶段。

（1）定流（恒流）阶段。定流（恒流）阶段是电池充电的前期阶段，这个阶段占充电过程的绝大多数时间，一般达到整个充电过程的80%以上。

（2）定压（恒压）阶段。随着电池电量的不断增加，电池的电压也会上升。在达到一定的电池电压后，通过控制电池的电压，将充电电压提升到充满状态并保持恒定，以合理的电压控制充电电流，因而称之为定压（恒压）阶段。

（3）截止阶段。截止阶段实际上在电池充电过程中属于对电池是否已充满电的判断过程。

335. 根据《电动汽车传导充电系统　第1部分：通用要求》（GB/T 18487.1—2023）规定，电动汽车传导式充电方式有哪几种?

答：《电动汽车传导充电系统　第1部分：通用要求》（GB/T 18487.1—2023）规定，电动汽车传导式充电有以下四种方式。

（1）交流充电（使用家用或类似用途插头、插座充电）。

将电动汽车连接到供电网（电源）时，在电源侧使用了符合《家用和类似用途插头插座　第1部分：通用要求》（GB/T 2099.1—2021）和《家用和类似用

途单相插头插座　型式、基本参数和尺寸》（GB/T 1002—2021）要求的插头插座，在电源侧使用了相线、中性线和接地保护的导体。该模式在我国禁用。

（2）交流充电（使用交流适配器充电）。

将电动汽车连接到供电网（电源）时，在电源侧使用了标准插头/插座，在电源侧使用了相线、中性线和接地保护的导体，并且在充电连接时使用了缆上控制和保护装置（IC-CPD）。

（3）交流充电（使用交流充电桩充电）。

将电动汽车连接到供电网（电源）时，使用了专用供电设备，将电动汽车与交流电网直接连接，并且在专用供电设备上安装了控制导引装置。

（4）直流充电（使用直流充电桩充电）。

将电动汽车连接到供电网（电源）时，使用了带控制导引装置的直流供电设备。

336. 电动汽车的充电连接方式有哪几种?

答：电动汽车的充电连接方式有以下五种。

（1）连接方式A，是将电动汽车与供电网/供电设备连接时，使用和电动汽车永久连接在一起的带有标准插头/供电插头的电缆组件。

（2）连接方式B，是将电动汽车与供电网/供电设备连接时，使用带有车辆插头和标准插头/供电插头的独立的可拆卸电缆组件。

（3）连接方式C，是将电动汽车与供电网连接时，使用和供电设备永久连接在一起的带有车辆插头的电缆组件。

（4）连接方式D，是将电动汽车与供电网/供电设备连接时，使用与供电设备永久连接的充电自动耦合器主动端，和与电动汽车永久连接的充电自动耦合器被动端组成的充电自动耦合器。

（5）连接方式E，是将电动汽车与供电网/供电设备连接时，使用与电动汽车永久连接的充电自动耦合器主动端，和与供电设备永久连接的充电自动耦合器被动端组成的充电自动耦合器。

337. 电动汽车充电桩强制检定从什么时间开始？哪些电动汽车充电桩需要强制检定？

答：依据《国家市场监督管理总局关于调整实施强制管理的计量器具目录的公告》（市场监管总局公告2020年第42号），电动汽车充电桩强制检定工作自2023年1月1日起正式实行。

对于直接面向社会提供充电服务的贸易结算用电动汽车充电桩（含电动汽车交流充电桩和电动汽车非车载充电机）实施强制检定，检定周期为三年。家庭或单位内部使用等非面向社会提供充电服务的电动汽车充电桩不列入强制检定范围。

338. 电动汽车充电桩强制检定依据的检定规程有哪些？主要通过检定哪些项目来确保其计费准确？

答：依据国家计量检定规程《电动汽车交流充电桩检定规程（试行）》（JJG 1148—2022）和《电动汽车非车载充电机检定规程（试行）》（JJG 1149—2022）对电动汽车充电桩进行强制检定。

主要通过检定以下三项来确保其计费准确：

（1）外观及功能检查。主要检查充电桩的外观、标识、显示、基本功能是否符合相应技术规范要求。

（2）工作误差检定。主要检查充电的电量是否准确。误差应在铭牌标示的准确度范围内。充电桩的准确度等级一般为1级或2级，允许的误差范围分别为±1%或±2%。

（3）时钟时刻误差检定。主要检查充电桩显示时间是否准确，确保充电桩在正确的时间切换到正确的费率时段，满足阶梯电价，即峰谷不同收费的要求。

339. 充换电站的主要功能有哪些？

答：充换电站的基本功能包括充电（换电）、监控、计量等。扩展功能包括动力电池更换、动力电池检测和动力电池维护等。充换电站应有行车道、停车位、充换电设备、监控室、供电设施及休息室、卫生间等必要的辅助服务设施。充换电站布置和设计应便于被充换电车辆进出及停放。换电站应具备电池更换、存储的设备和场所。

340. 电动汽车充电站的电能计量要求有哪些？

答：根据《电动汽车充电站通用要求》（GB/T 29781—2013）的规定，充电站的电能计量包括两部分：充电站和电网之间的计量、充电设备和电动汽车之间的计量。

（1）充电站和电网之间的计量。

充电站和电网之间的电能计量由供电单位按照国家标准实施。

（2）充电设备和电动汽车之间的计量。

交流充电桩应选用符合国家计量标准的交流电能表计量，安装在交流充电桩和电动汽车之间。非车载充电机宜选用符合国家计量标准的直流电能表计量，安装在非车载充电机直流输出端和电动汽车之间。

341. 电动汽车充电站的充电计费方式一般分为哪几种？

答：电动汽车充电站的充电计费方式一般分为以下两种。

（1）按电量充电：充电设备给电动汽车充电时预先设置充电电量，充电计量和结算管理系统实时采集电动汽车的充电电量，当充电电量达到预先设定的数值时，充电设备切断输出电源，停止本次充电过程。

（2）按金额充电：充电设备给电动汽车充电时预先设置充电所用金额，充电计量和结算管理系统实时采集电动汽车的充电电量并通过不同时段费率计算电费，当充电电量的费用达到预先设定的数值时，充电设备切断输出电源，停止本次充电过程。

342. 什么是涓流充电？

答：涓流充电是为补偿自放电效应，使蓄电池保持在近乎完全充电状态的连续小电流充电，其目的是弥补电池在充满电后由于自放电而造成的容量损失。一般采用脉冲电流充电来实现上述目的。涓流充电有助于延长电池使用寿命、提高安全性、降低充电温度等。

343. 什么是有序充电?

答：有序充电是指运用经济或技术措施进行引导和协调，按一定策略对电动汽车进行充电。有序充电是在满足电动汽车充电需求的前提下，运用实际有效的经济或技术措施引导、控制电动汽车进行充电，对电网负荷曲线进行削峰填谷，使负荷曲线方差较小，减少发电装机容量建设，保证了电动汽车与电网的协调互动发展。有序充电是以可控负荷的形式参与电网调控，是有效规避电动汽车大规模充电对电网造成负面影响的重要手段。

344. 什么是目的地充电?

答：目的地充电是指在新能源车主的日常生活区域内建设充电基础设施，如在住宅社区、办公区、产业园区、商超区、就医区、办事区等区域的停车场内建设公共充电桩。目的地充电以慢充为主，可充电时间长，充电完成后车辆可以停放。

目的地充电通常发生在停车场、商场等长时间停留的地方，可以充分利用车辆停放的时间为车辆进行充电，用户在充电的同时还可以享受购物、用餐、休闲等其他服务，提升了用户体验。

345. 什么是车载充电机？其有哪些特点?

答：车载充电机是指固定安装在车辆上，将符合公共电网的电能变换为车载储能装置所要求的直流电，并给车载储能装置充电的设备。车载充电机由交流输入端口、功率单元、控制单元、低压辅助电源单元、直流输出端口等部分组成。

车载充电机一般采用单相或三相供电方式，充电功率较小，充电时间较长（5~8小时）。车载充电机和BMS、其他低压用电系统都安装在电动汽车上，相互之间可利用电动汽车的内部线路网络进行通信。由于受电动汽车车载质量和体积的限制，车载充电机要求尽可能体积小、质量轻。

346. 什么是非车载充电机？其有哪些特点?

答：非车载充电机指固定连接至交流或直流电源，并将其电能转化为直流电能，采用传导方式为电动汽车动力蓄电池充电的专用装置。

非车载充电机安装于固定地点，其交流输入电源已事先连接完成。非车载充电机的直流输出端是在充电操作时再与电动汽车连接。它的功率较大，可以提供几百千瓦的充电功率，能够为电动汽车进行快速充电。

347. 充电现场的服务人员进行充电操作的注意事项有哪些?

答：（1）应严格按照充电桩上的设备操作说明进行操作，操作前检查充电设备和周围环境是否有异常。

（2）在拔插充电插头前须确保手部及插头处干燥，以免发生漏电，并确认充电插头与车辆、充电桩连接牢固后，再启动充电。

（3）充电过程中充电操作人员不要靠近变压器和充电机设备，禁止在充电过程中突然断开电源或负载电源插头，如充电过程中发生故障，应立即按下充电桩上的急停按键。

（4）充电时应确保充电桩周围通风正常，并定期检查充电桩冷区系统是否正常工作。

（5）注意监控充电设备的运行状态。在电池充电接近饱和后电压上升较快，应密切观测电池荷电量变化情况。

（6）及时发现充电异常，充电时若发现异常现象，应立即停机处理，以免造成更多的元器件损坏。同时，应记录故障情况，并及时反馈给工作人员，待相关专业人员处理。

（7）如遇雷电、大雨等恶劣天气，为保证充电人员和设备安全，建议停止充电。雨后天气充电，因空气湿度较大，宜将充电机先接通电源，待机工作一段时间后再开始充电。

（8）现场发生故障时，严禁非专业人员拆开充电设备。

（9）充电服务人员应注意保持现场环境卫生，严禁在充电设备上堆放杂物。

348. 在使用充电桩进行充电前，车主应进行哪些操作?

答：（1）目测充电线外观是否有破损、裂痕。

（2）确认充电桩的充电插座不带电；确认电动汽车上的插头定义与充电桩插座的插孔定义一致；确认充电枪充电接口内无积水。

（3）必须确认电动汽车电源已经关闭。

（4）确认车辆停靠在正确的车位。

349. 充电过程中出现哪些突发或紧急情况时，充电操作人员应立即按下充电桩上的急停按钮停止充电?

答：（1）充电过程中发生故障，通过正常操作无法停止充电。

（2）充电过程中发生充电桩或车辆的内部短路问题。

（3）充电过程中发生人员触电事故。

（4）充电桩或充电桩与车辆接触部位发生漏电、起火等状况。

（5）其他危害人身、设备安全的紧急情况。

（6）充电桩故障运行，如发现设备内部异响，电池电压显示异常，机内有不正常气味或烟雾产生，液晶屏显示异常，各信号指示灯显示异常等故障现象应立即停机处理，以免造成更多的元件损害。

350. 电动汽车的充电系统在维护保养和日常使用时应注意哪些问题?

答：（1）充电系统的维护主要监测系统运行时的电流、电压、温度，如果温度过高或过低，或者电流超过安全值都会引发充电系统不能正常工作。

（2）充电前应检查充电指示灯是否正常，如果异常首先排查保险丝是否熔断，再进一步排查插头是否松动导致不能充电。

（3）充电环境温度保持在-20~60℃，以保证系统正常充电。

（4）充电场所应阴凉通风有利于电池组散热，防止温度过高。

（5）充电电源电压保证稳定，避免用电功率过大，否则容易引发充电中断。

351. 什么是电动汽车的换电模式?

答：电动汽车换电模式是指通过集中型充电站对大量电池集中存储、充电、统一配送，并在换电站内为电动汽车提供电池更换服务，换电站集电池的充电、物流调配及换电服务于一体。

具体而言，电动汽车换电就是将动力电池从电动汽车上卸下，安装上已充满电的动力电池，车辆可随即离开继续使用或运营。在换电站将卸下的已放完电的动力电池通过充电架平台与充电设备进行连接，并与单箱或整组的BMS通信，自动完成动力电池的充电过程。

352. 换电模式有哪些特点?

答：换电模式有以下优势和不足。

（1）优势：大幅缩短能量补充时间，减少里程焦虑；统一管理，延长电池的使用寿命；错峰充电，降低用电成本；换电站利用效率高于充电站；方便电池的回收；减轻消费者的购车压力。

（2）不足：换电模式建设成本高；动力电池标准不统一；事故责任不好判定；存在一定的安全隐患。

353. 目前换电模式主要分为哪几种?

答：目前的换电模式分为底盘换电、侧身换电和分箱换电三种类型。目前市面上的主流换电方式是底盘换电，约占80%以上的市场份额，主要用于乘用车；其次是侧身换电（整体单侧、整体双侧、顶吊式换电），主要用于商用车（如重卡、矿卡）等；分箱换电目前应用较少，主要用于乘用车，其最大优势是易实现换电统一标准化操作。

354. 目前换电市场产业链主要由哪些企业构成?

答：（1）上游由电池供应商、换电站基础组件供应商、配套充电系统供应商组成，分别负责提供对应应用范围的动力电池和换电站设备、软件系统等。

（2）中游主要为换电站建设和运营商，负责换电站的搭建和运营，面向市场提供换电服务。

（3）下游主要由换电服务用户和动力电池回收方组成。

355. 电动汽车的换电作业流程是怎样的?

答：电动汽车的换电作业流程：需要更换电池的车辆进站，该车驶入电池更换区进行故障诊断，出具状态检测报告，更换电池库内的整组电池。对于更换下的电池组要进行故障排查和故障电池分离。对无故障的电池组直接送充电区进行电池充电，在电池充满电后就地编组，送电池存储间储存待用；对有故障的电池组送电池维护区进行检测、筛选、维护、充电和装箱。

356. 换电模式下，电动汽车电池模块一般有哪些技术要求?

答：（1）电池模块结构设计标准化，易更换和装卸方便。

（2）电池模块外壳坚固，进行防锈（防氧化）处理。

（3）电池模块与充电架之间具有自动对接的接口。

（4）电池模块具备电池电压、电流、温度及绝缘监测功能。

（5）内置电池管理单元，具备风机冷却控制与通信功能。

第二章　光伏及储能知识

357. 光伏发电的原理是什么？它由什么部件构成？

答：太阳光照在半导体P-N结上，形成新的空穴-电子对，在P-N结内建电场的作用下，空穴由N区流向P区，电子由P区流向N区，接通电路后就形成电流，这就是光电效应太阳能电池的工作原理。光-电直接转换方式是利用光伏效应，将太阳辐射能直接转换成电能，光-电转换的基本装置就是太阳能电池。当许多个电阳能电池串联或并联起来后进行封装保护，可形成大面积的太阳能电池组件，再加上功率控制器等部件就形成了光伏发电装置。

光伏发电主要由太阳能电池组件（光伏组件）、控制器和逆变器三大部分组成，其中太阳能电池（光伏电池）是利用光电效应将太阳辐射能直接转换成电能的一种器件。

358. 光伏发电的优势有哪些？

答：（1）太阳能取之不尽，用之不竭，没有枯竭危险。

（2）光伏发电不产生任何废弃物，安全可靠，无噪声，无污染排放，对环境无不良影响。

（3）光伏发电不受资源分布地域的限制，可利用建筑屋面，可就近供电。

（4）光伏发电无须消耗燃料，运行成本低。

（5）光伏发电没有运动部件，不易损坏，维护简单，特别适合在无人值守的情况下使用。

（6）光伏发电系统建设周期短，方便灵活。

359. 光伏发电的劣势有哪些?

答:(1)光伏发电的能量密度较低，大规模使用时要占用较大面积。

(2)光伏发电具有周期性、波动性、季节性，发电量与气候条件有关，晚上或阴雨天气不能或很少发电。

(3)光伏电池在制造过程中存在不环保问题。

360. 我们有多少太阳能可以利用? 它能成为未来主导能源吗?

答：太阳向宇宙空间的辐射功率为3.8×10^{23}kW，其中二十亿分之一到达地球大气层。到达地球大气层的太阳能，30%被大气层反射，23%被大气层吸收，47%到达地球表面，其功率为800000亿kW，也就是说太阳每秒钟照射到地球上的能量就相当于燃烧500万t煤释放的热量。地球表面平均每平方米每年接收到的辐射为1000~2000kWh。地球表面每年接收的太阳能辐射能够满足全球全年能源需求的1万倍。国际能源署(IEA)数据显示，在全球4%的沙漠上安装光伏发电系统，就足以满足全球能源需求。光伏发电具有广阔的发展空间(屋顶、建筑面、空地和沙漠等)，潜力巨大。据初步统计，我国仅利用现有建筑屋顶安装分布式光伏系统，其市场潜力为3亿kW以上，再加上西部地区广阔的戈壁，光伏发电市场潜力为数十亿kW。随着光伏发电技术的进步和规模化应用，其发电成本还将进一步降低，成为更加具有竞争力的能源供应方式，逐步从补充能源到替代能源，并极有希望成为未来的主导能源。

361. 我国太阳能资源是如何分布的?

答：我国太阳能总辐射资源丰富，总体呈“高原大于平原、西部干燥区大于东部湿润区”的分布特点。青藏高原地势高、空气稀薄，空气中含有的尘埃量较少，空气相对干燥，太阳能资源最为丰富，年总辐射量超过1800kWh/m^2；其中，西藏西部最为丰富，年总辐射量甚至超过2000kWh/m^2，辐射总量高居世界第二位，仅次于撒哈拉大沙漠。四川盆地地势较低，空气湿度大，太阳能资源相对较贫乏，存在低于1000kWh/m^2的区域(见表8)。

表 8　全国太阳辐射总量等级和区域分布

类型	年总量 / (MJ/m^2)	年辐射量 / (kWh/m^2)	年平均辐照度 /(W/m^2)	占国土面积比例 /%	主要地区
最丰富带	≥ 6300	≥ 1750	≥ 200	约 22.8	内蒙古额济纳旗以西、甘肃酒泉以西、青海 100°E 以西大部分地区、西藏 94° E 以西大部分地区、新疆东部边远地区，四川甘孜部分地区
很丰富带	5040~6300	1400~1750	160~200	约 44.0	新疆大部、内蒙古额济纳旗以东大部、黑龙江西部、吉林西部、辽宁西部、河北大部、北京、天津、山东东部、山西大部、陕西北部、宁夏、甘肃酒泉以东大部、青海东部边缘、西藏 94°E 以东、四川中西部、云南大部、海南
较丰富带	3780~5040	1050~1400	120~160	约 29.8	内蒙古 50° N 以北、黑龙江大部、吉林中东部、辽宁中东部、山东中西部、山西南部、陕西中南部、甘肃东部边缘、四川中部、云南东部边缘、贵州南部、湖南大部、湖北大部、广西、广东、福建、江西、浙江、安徽、江苏、河南
一般丰富带	< 3780	< 1050	< 120	约 3.3	四川东部、重庆大部、贵州中北部、湖北 110° E 以西、湖南西北部

362. 什么是光伏电池？主要类型有哪些？

答：光伏电池是利用光电效应将太阳辐射能直接转换成电能的一种半导体器件。光伏电池主要类型包括：

（1）晶体硅光伏电池。以单晶硅、多晶硅为代表，是目前技术发展成熟且应用最广泛的光伏电池，占光伏电池份额的95%以上。单晶硅光电转换率为16%~18%，实验室最高转换率可达25%，光电转换效率高，可靠性高，发电量稍高；多晶硅光电转换率为14%~16%，实验室最高转换率可达20.4%，光电转换效率稍低。

（2）化学薄膜光伏电池。以碲化镉（CdTe）、砷化镓（GaAs）、铜铟镓硒（CIGS）为代表，相较晶硅电池所需材料少、制造工艺简单、容易量产，但光电转换效率较低，存在部分金属材料价格昂贵、材料纯度要求高等问题。

（3）新型光伏电池。主要有染料敏化光伏电池（DSSCs）、钙钛矿光伏电池（PSCs）、量子点光伏电池（QDSCs）等，具有效率提升速度快、成本低等优势，受到业界的广泛关注。

363. 目前光伏电池的发展经历了哪些阶段?

答：目前，光伏电池的发展经历了以下三个阶段：

（1）2005年至2018年，铝背场电池（BSF电池）是较为主流的第一代光伏电池。但由于其背表面的全金属复合较高，导致光电损失较多，在光电转换效率方面具有先天的局限性，现阶段已经逐步淘汰。

（2）2016年至今，第二代的P型电池技术的PERC、PERC+电池市占率逐步走高，成为市场具备经济性的主流产品。2016—2021年，PERC电池渗透率从10%提升至90%左右。同时，2021年PERC电池的平均转换效率已达23.1%。

（3）当前，具备转换效率更高、双面率高、温度系数低和光衰现象弱等优点的TOPCon、HJT、IBC等N型电池技术已经成熟，具备商业化发展的条件。中国光伏行业协会预测，到2030年，N型电池将成为市场主流。

364. 什么是光伏发电站（光伏发电系统）？主要包括哪些类型?

答：光伏发电站（光伏发电系统）是指以光伏发电系统为主，包含各类建（构）筑物及检修、维护、生活等辅助设施在内的发电站。

光伏发电站主要分为并网型光伏发电站（并网型光伏发电系统）和离网型光伏发电系统。并网型光伏发电站是将输出的直流电经过并网逆变器转换成与电网电压同幅、同频、同相的符合市电电网要求的交流电之后直接接入公共电网。离网型光伏发电系统，也叫独立光伏发电系统，是相对于并网发电系统而言的，属于孤立的发电系统。离网型光伏发电系统包括边远地区的村庄供电系统、海岛供电系统、通信信号电源、阴极保护、太阳能路灯等各种带有蓄电池的可以独立运行的光伏发电系统。

365. 光伏发电系统由哪些部件构成?

答：光伏发电系统由光伏方阵（光伏方阵由光伏组件串并联而成）、光伏逆变器、光伏支架、光伏并网箱、控制器、蓄电池组、交直流电缆等部件构成。

光伏发电系统的核心部件是光伏组件，而光伏组件又是由光伏电池串并联并封装而成，它将太阳的光能直接转换为电能。光伏组件产生的电为直流电，经逆变器转换为交流电后输送到电网或供用户使用。

366. 从全生命周期的角度评价，光伏组件是否会消耗大量能量?

答：从全生命周期的角度评价，光伏组件在生产过程中确实要消耗一定的能量，其中工业硅提纯、高纯多晶硅生产、单晶硅棒、多晶硅锭生产等环节的能耗较高。但是，随着技术的进步与完善，光伏组件在生产过程中能耗逐渐降低；最重要的是光伏组件在20年的使用寿命期内能够不断产生能量。在我国平均日照条件下，光伏发电系统全生命周期内能量回报超过其能源消耗的15倍。在北京以最佳倾角安装的1kW屋顶光伏并网系统的能量回收期为1.5~2年，远低于光伏系统的使用寿命期。也就是说，该光伏系统前1.5~2年发出的电量是用来抵消其生产等过程消耗的能量，1.5~2年之后发出的能量都是纯产出的能量。

367. 根据光伏发电系统的建设规模和集中程度，光伏发电系统可以分为哪些类型?

答：光伏发电系统根据建设规模和集中程度，可以分为集中式光伏发电系统及分布式光伏发电系统。

（1）集中式光伏发电系统：是在沙漠、戈壁、山地、水面等场地集中建设的光伏电站，所获的电力直接并入电网，电网通过接入高压输电系统供给远距离负荷。应用领域包括大型地面电站、农光互补、林光互补、水光互补项目等。集中式光伏电压等级高，一般为35kV或110kV电压并网。特点是占地面积大、输送距离远、投资大、建设周期长。

（2）分布式光伏发电系统：指在用户场地附近建设，接入35kV及以下等级，且具有配电系统平衡调节特性的光伏发电系统，所发的电以就地消纳为主。分布式光伏发电系统一般建于用户屋顶、厂房顶和蔬菜大棚等地方，可就近发电、并网、转换、使用，可解决电力在升压及长距离输送过程中的损耗问题。分布式光伏发电系统具有占地面积小、输送距离近、投资小、建设周期短等特点。

368. 集中式光伏发电系统有哪些特点?

答：（1）规模大，可以获得更高的发电效率和更低的发电成本。

（2）技术成熟，容易实现大规模生产和标准化设计。

（3）易于管理和监控，可以通过集中式的监控系统实现智能化管理。

（4）适用于大型工业和商业用电领域。

（5）建设和维护成本高，需要大面积的土地和大量的电力电子设备。

（6）运行依赖天气和季节，不稳定性较大。

（7）系统可靠性差，一旦出现故障，就可能导致大面积停电。

369. 分布式光伏发电系统有哪些特点?

答：（1）可以在建筑物的屋顶、墙壁、停车场等场所安装，安装方便、灵活性高。

（2）适用于小型用电领域，可以提供本地化的能源供应，减少能源损耗。

（3）系统可靠性高，一旦出现故障，只影响当地用电。

（4）可以减少对传统能源的依赖，提高能源安全性和环保性。

（5）规模较小，难以获得较高的发电效率和成本优势。

（6）系统分散，增加管理和监控的难度。

（7）安装和维护需要考虑建筑物的结构和安全等问题。

370. 根据投资主体不同，分布式光伏发电系统可以分为哪几种类型?

答：基于分布式光伏发电系统的投资主体是自然人还是企业，可将分布式光伏发电系统分为两种类型，即户用分布式光伏发电系统和工商业分布式光伏发电系统。

（1）户用分布式光伏发电系统：是由业主自建的户用自然人分布式光伏发电系统。户用光伏项目是指利用自然人宅基地范围内的建筑物，如自有住宅，以及附属物建设的分布式光伏发电系统。户用分布式光伏发电系统通常具有安装容量小、低电压等级并网、备案及并网流程简化等特点。

（2）工商业分布式光伏发电系统：是指就地开发、就近利用且单点并网装机容量小于6MW的户用分布式光伏发电系统以外的各类分布式光伏发电系统。工商业分布式光伏发电系统一般安装于工业型厂房、商业建筑物、市政建筑物等工商业相关建筑屋顶。具有就地开发、就地消纳、投资成本低、建设周期快等特点。光伏组件安装于工商企业屋顶，可以起到隔热、防潮、保温作用，延长屋顶使用寿命，增加美观度。

371. 什么是与建筑结合的分布式光伏发电系统？主要有哪些类型？

答：与建筑结合的分布式光伏发电系统是目前分布式光伏发电系统的重要应用形式，按照与建筑结合的安装方式的不同可以分为光伏建筑集成或光伏建筑一体化（BIPV）和光伏建筑附加（BAPV）。

BIPV：光伏发电设备作为建筑材料或构件，在建筑上应用，一般采用特殊设计的专用光伏组件，安装时替代原有的建筑材料或建筑构件，与建筑融为一体。拆除光伏组件则建筑不能正常使用。光伏组件不仅要满足光伏发电的功能要求，同时必须满足建筑的基本功能要求，如坚固耐用、保温隔热、防水防潮、具有适当强度和刚度等，常见的有光伏瓦、光伏幕墙、光伏天棚、光伏窗和光伏遮阳棚或遮阳板。

BAPV：光伏发电设备不作为建筑材料或构件，而是在已有建筑上安装，一般采用普通光伏组件，直接安装到屋顶或附加在墙面。拆除此建筑上的光伏组件，并不会影响原有建筑的基本功能。

372. 分布式光伏发电系统的主管部门有哪些？

答：国务院能源主管部门负责全国分布式光伏发电规划指导和监督管理，地方能源主管部门在国务院能源主管部门指导下负责本地区分布式发电项目建设和监督管理。国务院能源主管部门委托国家可再生能源信息中心开展分布式光伏发电行业信息管理，组织研究制定工程设计、安装、验收等环节的标准规范。

373. 分布式光伏发电系统建设应遵循哪些原则？

答：分布式光伏发电系统建设应遵循因地制宜、清洁高效、分散布局、就近利用的原则，充分利用当地的太阳能资源，替代和减少化石能源消费。

374. 如何选用光伏组件？

答：根据安装现场的具体情况可选用不同类型、不同规格的光伏组件，安装现场的有效利用面积决定组件的规格尺寸，可选用高效率组件实现在单位面积内安装更大容量目标。根据现有建筑的外观也可选择不同边框颜色的组件，根据现场的串并联接线方式确定组件的接插件长度。

组件的选用需综合考虑安装面积、装机容量、成本等要素。一般来讲，应选用信誉度好、质量好、有认证(含防火等级)、质保售后服务好的组件产品。

375. 对于户用分布式光伏发电系统，如何选择光伏逆变器?

答：光伏逆变器一般选择户外型，采用自然冷却方式，外壳防护等级高(通常需达到IP65)，安装所需要的环境改造很少，成本较低；同时，由于逆变器安装在室外，逆变器运行产生的噪声对用户的影响也会大大降低，但需要良好的设备防护。

一般根据系统的要求配置对应功率段的逆变器，选择的逆变器功率应该与光伏电池方阵的最大功率匹配，一般选取光伏逆变器的额定输出功率与输入总功率相近(通常超配控制在1.3倍以内)，这样可以节约成本。另外，逆变器容量大小的选择可以根据安装条件进行优化。如在设计初期不清楚安装场地、未全面考虑安装场地，应尽可能地选择小功率的光伏逆变器，实现多路独立功率追踪，必要时选择微型逆变器，实现更小单元的最大功率追踪，从而避免后期因场地不够大或是不够规则等引起的串并联失配等问题。

376. 如何确定分布式光伏发电系统的装机容量?

答：分布式光伏发电系统装机容量的大小，取决于用电设备负载、屋顶的样式和屋顶面积，并结合电网公司的建议，确定最终安装容量。一般情况下平面屋顶安装量为100~300W/m^2。

377. 如何估算分布式光伏发电系统的发电量?

答：首先，确定分布式光伏发电系统安装当地的峰值日照时数(将光伏组件面上接收到的太阳能总辐射量折算成辐照度1000W/m^{2}下的小时数)、系统效率、系统安装容量等参数。其次，根据公式计算分布式光伏发电系统的日发电量(分布式光伏发电系统日发电量=组件安装容量 × 峰值日照时数 × 系统效率)。

例如，10kW的光伏并网系统，安装地点为北京，峰值日照时数为4小时，光伏并网系统效率约为80%。所以，该系统日发电量=组件安装容量 × 峰值日照时数 × 系统效率=10 × 4 × 0.8=32（kWh)。

378. 目前我国分布式光伏发电系统主要采用哪些运行方式?

答：目前，我国分布式光伏发电系统的运行方式主要采用自发自用，余电上网和全额上网两种方式。自发自用，余电上网是指分布式光伏发电系统所发电力由电力用户优先使用，多余电量接入电网；全额上网是指分布式光伏发电系统所发电力全部接入电网。

379. 什么是“自发自用，余电上网”？

答：“自发自用，余电上网”是分布式光伏发电系统的一种消纳模式。对于这种模式，光伏并网点设在用户电表的负载侧，需要增加一块光伏反送电量的计量电表，或者将电网用电电表设置成双向计量。用户自己直接用掉的光伏电量，以节省电费的方式直接享受电网的销售电价；反送电量单独计量，并以规定的上网电价进行结算。一般情况下，光伏系统发出的电力首先满足自己的负荷使用，多余的电量可以卖给电网公司；若光伏系统所发的电量不足负荷使用，则由电网供电补充。

380. 什么是双向计量电表? 为什么需要双向计量电表?

答：双向计量电表是一种智能电表，能够计量用电和发电。功率和电能都是有方向的，从用电的角度看，耗电的为正功率或正电能，发电的为负功率或负电能，双向计量电表可以通过显示屏分别读出正向电量和反向电量并将电量数据储存起来。

安装双向计量电表的原因是光伏发电存在不能全部被用户消耗的情况，而余下的电能则需要输送给电网，电表需要计量一个数字；在光伏发电不能满足用户需求时则需要使用电网的电，又需要计量一个数字，普通单向电表不能满足此需求，需要使用具有双向计量功能的智能电表。

381. 什么是“全额上网”？

答：“全额上网”是分布式光伏发电系统的一种消纳模式。对于这种模式，光伏并网点设在用户电表的电网侧，光伏系统所发电量全部流入公共电网，并以规定的上网电价进行结算。这种方式下，系统所发出的电力被直接销售给了电网公司，而销售电价通常采用当地平均上网电价，用户的用电电价则保持原来的电价不变，即所谓“收支两条线，各算各的账”。

382. 分布式光伏系统并网需要考虑什么问题?

答：分布式光伏系统并网主要提前考虑安全、光伏配置、计量和结算等方面的问题。

安全方面：并网点开关是否符合安全要求，设备在电网异常或故障时的安全性，能否在电网停电时可靠断开以保证人身安全等。

光伏配置方面：光伏容量的配置，主要设备选择，接入点的选择，系统监测控制功能的实现，反孤岛装置的配置安装等。

计量和结算方面：计费和结算方式，上网电价情况，获得电价补贴所需的材料、数据及流程等。

383. 分布式光伏系统并网后，怎么区分负荷当前用的电是来自电网还是分布式光伏系统?

答：在分布式光伏系统安装完成后，电网公司会进行并网的检验验收，验收合格后会为业主安装两块电表（或双向电表），两块电表会分别对光伏系统的发电和市电的用电量进行独立计量。最简单的办法是看电表，只要光伏系统端电表走字，就是在使用光伏电池组件发的电。

384. 在连续阴雨或雾霾天气时，光伏发电系统还会工作吗? 会不会电力不足或断电?

答：光伏电池组件在一定弱光下也是可以发电的，但是由于连续阴雨或雾霾天气，太阳光辐照度较低，光伏发电系统的工作电压如果达不到逆变器的启动电压，那么系统就不会工作。分布式光伏发电系统与配电网是并联运行的，当分布式光伏发电系统不能满足负载需求或由于阴天而不工作时，电网的电将自动补充过来，不存在电力不足与断电问题。

385. 安装分布式光伏发电系统后，冬天冷时会不会电力不足?

答：光伏发电系统的发电量的确受温度的影响，直接影响因素是辐照强度和日照时长及太阳能电池组件的工作温度。冬天辐照强度弱、日照时长短，一般发电量比夏天少，是正常现象。但由于分布式光伏发电系统与电网相连，只要电网有电，负载就不会出现电力不足或断电的情况。

386. 白天分布式光伏发电系统所发的电力，可以储存起来夜晚使用吗?

答：白天分布式光伏发电系统所发的电力，可以储存起来供夜晚使用，这需要添加控制器和蓄电池等电器元件。白天控制器将光伏所发电力储存在蓄电池中，晚上控制器将蓄电池所储电力释放出来使用。在没有储能设备的情况下，如果电网断电，系统将停止工作，但是，若把其中的并网逆变器换成智能微网逆变器（并网与离网混合逆变器），系统依然可以正常运转。

387. 目前分布式光伏发电系统的寿命是多久?

答：目前，分布式光伏发电系统的关键设备光伏组件一般提供25年以上的功率质保。维护得当的系统使用寿命可以超过25年，在全球光伏应用市场，使用超过30年的光伏电站也不少见。

388. 光伏发电系统后期怎么维护？多久维护一次？怎样维护?

答：光伏发电系统主要的维护工作是擦拭组件，雨水较大的地区一般不需要人工擦拭，非雨季需要对电站每年巡检一次并结合电站发电及脏污情况来制订清洗计划以保证电站正常发电。降尘量较大的地区可以增加清洁的次数，降雪量大的地区应及时将厚重积雪去除，避免影响发电量和雪融化后产生的不均匀遮挡，及时清理遮挡组件的树木或杂物等。

389. 清洁光伏组件时，用清水冲洗和简单地擦拭就可以吗？用水擦拭的时候会不会有触电的危险?

答：为了避免在高温和强烈光照下擦拭组件对人身的电击伤害，以及可能对组件的破坏，建议在早晨或下午较晚的时候进行组件清洁工作。清洁光伏组件玻璃表面时要采用柔软的清洁工具，清洁用水干净温和，清洁时使用的力度要小，以避免损坏玻璃表面，有镀膜玻璃的组件要注意避免损坏镀膜层，或者联系专业运维商，由运维商采用专业的清洗工具对组件进行全方位清洗。

390. 光伏发电系统在任何时候都可以进行维护吗?

答：优先选择清晨或傍晚光线弱、系统未运行的时候对光伏系统进行维护，维护前做好防护措施，如佩戴绝缘手套、使用绝缘工具等。

391. 光伏组件上的房屋阴影、树叶甚至鸟粪的遮挡会对发电系统造成影响吗?

答：光伏组件上的房屋阴影、树叶甚至鸟粪的遮挡会对发电系统造成比较大的影响，每个组件所用光伏电池片的电特性基本一致，否则将在电性能不好或被遮挡的电池片上产生所谓热斑效应。一串联支路中被遮挡的光伏电池片，将被当作负载消耗其他有光照的光伏电池片所产生的能量，被遮挡的光伏电池片此时会发热，这就是热斑现象，这种现象严重的情况下会损坏光伏组件。为了避免串联支路的热斑，需要在光伏组件上加装旁路二极管，为了防止并联回路的热斑，则需要在每一路光伏组件上安装直流保险。即使没有热斑效应产生，光伏电池片的遮挡也会影响发电量。

392. 雷雨天气需要断开光伏发电系统吗?

答：分布式光伏发电系统都装有防雷装置，所以不用断开。为安全起见，建议断开电表箱的断路器开关，切断与光伏组件的电路连接，避免防雷模块无法去除的直击雷产生危害。运维人员应及时检测防雷模块的性能，以避免防雷模块失效所产生的危害。

393. 雪后需要清理光伏发电系统吗? 可以踩在组件上面进行清理工作吗?

答：雪后组件上如果存在积雪是需要清理的，可以利用柔软的清理工具将雪推下，注意不要划伤玻璃。组件具有一定承重能力，但是不能踩在组件上面清扫，会造成组件隐裂或损坏，影响组件寿命。一般建议不要等积雪过厚再清理，以免组件过度结冰。

394. 分布式光伏发电系统能抵抗冰雹的危害吗?

答：分布式光伏发电系统中的合格组件必须通过北京鉴衡认证中心（CGC）、中国质量认证中心（CQC）或德国技术监督协会（TÜV）等检测认证，一般以正面最大静载荷（风载荷、雪载荷）5400Pa、背面最大静载荷（风载荷）2400Pa和直径25mm的冰雹以23m/s的速度撞击等进行严格测试。因此，一般情况下，冰雹不会对光伏发电系统带来危害。

395. 如何处理光伏组件的温升和通风问题?

答：光伏组件的输出功率会随着温度上升而降低，通风散热可以提高发电效率，最常用的办法为采用自然风进行通风。

396. 光伏发电系统对用户有电磁辐射危害吗?

答：光伏发电系统是根据光电效应原理将太阳能转换为电能，无污染、无辐射。逆变器、电表箱等电子器件都通过EMC（电磁兼容性）测试，对人体没有危害。

397. 分布式光伏发电系统有噪声危害吗?

答：分布式光伏发电系统是将太阳能转换为电能，不会产生噪声影响，逆变器的噪声指标不高于65分贝，也不会有噪声危害。

398. 分布式光伏发电系统并网时如何监控上网电量?

答：目前主要是通过在并网点安装经过当地电力部门认可的电能计量表来进行监控，另外当地的电力调度中心通常可以通过远程通信对各个并网光伏电站上网电量进行监控。业主也可以自行建设简化的信息系统，监控和优化上网电量。

399. 分布式光伏发电系统如何计量与结算，结算周期多长?

答：（1）计量。

分布式光伏发电系统所有的并网点及与公共电网的连接点均应安装具有电能信息采集功能的计量装置，以分别准确计量分布式光伏发电系统的发电量和用电客户的上、下电量。

（2）结算。

分布式光伏发电系统上、下网电量分开结算，不得相抵，电价执行国家相关政策。供电公司为享受国家电价补贴的分布式光伏发电系统提供补贴计量和结算服务，在收到财政部门拨付的补贴资金后，按照国家政策规定，及时支付项目业主。在合同签订完毕正式生效且项目正式并网运行后，供电公司负责对分布式光伏发电系统上网电量进行采集和计算，向业主发布预、终结算单，个人性质的结算发票由电费部门代为开具。

（3）结算周期。

供电公司定期对分布式光伏发电系统上网电量进行采集和计算，向业主发布预、终结算单后进行结算支付。目前一般供电公司都以自然月为一个结算与支付周期，而并网后首次结算周期会有延长，往往在一个季度左右。

400. 分布式光伏发电系统的发电量能够实现在线监测吗?

答：各电网企业配合本级能源主管部门开展本级电网覆盖范围内的分布式光伏发电系统的计量、信息监测与统计。若是光伏发电系统安装有相应的监控系统，可以对发电量实现在线监测，另外监控系统还可对关键设备参数、电能质量、环境参数、设备温度等实现在线监测。

401. 分布式光伏发电系统的硬件成本和投资成本如何计算?

答：分布式光伏发电系统成本由设备硬件成本和工程总承包（EPC）成本组成。其中，设备硬件（包括光伏组件、并网逆变器、线缆、安装支架、计量表、监控设备等）成本会随着市场供求关系的波动、光伏行业的技术进步和效率提升而有所变化，并且是与系统容量大小有关的，系统容量大的，系统构成中的一些基础费用会被摊薄，使得单位投资成本有所降低。

402. 影响分布式光伏发电系统投资收益的因素有哪些?

答：影响系统投资收益的主要因素有发电量设计（光照资源、系统转换效率、系统的维护水平）、系统的初投资、财务成本、补贴政策、电站的质量可靠性与售后服务等。具体主要包括电站建设地址、发电技术与供应商、投资收益分析、系统提供商和质保服务、发电量优化等方面。

403. 分布式光伏发电系统的度电成本如何估算?

答：发电成本与安装地点的人工成本、日照资源、安装方式、系统投资、当地电价、运维成本及系统有效寿命期等有着密切的关系，所以度电成本不是一个确定的数据，需要综合考虑以上因素。

404. 分布式光伏发电系统业主收益如何核算?

答：补贴收益包括三个部分，分别为国家补贴、自发自用抵销的用电费用、反送电量的脱硫燃煤收购电价。根据分布式光伏发电系统的并入方式，具体分为自发自用，余电上网（优先供给自己负载，多余电量并入电网）及全额上网（所发电量全部并入电网）两种模式。根据不同模式补贴收益不同，其中自发自用，余电上网的补贴收益=自发自用的比例×（居民用电价格+户用光伏发电国家补贴）+上网比例×（脱硫燃煤收购电价+户用光伏发电国家补贴），全额上网的补贴收益=（全部发电量×脱硫燃煤收购电价）。

405. 什么是钠离子电池?

答：钠离子电池，是一种二次电池（可充电电池），与锂离子电池工作原理相似，主要依靠钠离子在正极和负极之间移动来工作。在充电过程中，钠离子从正极脱出并嵌入负极，放电时，发生相反的过程，回到正极的钠离子越多，放电容量越高。钠电池的正极材料主要包括钠过渡金属氧化物、钠过渡金属磷酸盐、钠过渡金属硫酸盐、钠过渡金属普鲁士蓝类化合物等几大类；负极材料主要包括软碳、硬碳、过渡金属氧化物等；电解液成分跟锂电池的电解液成分差别不大，只是把锂离子改为钠离子。

钠离子电池具有原材料储量丰富、无过放电特性、低温性能优异、倍率性能优异、安全性能优异的特点。由于钠离子电池的特性，允许使用低浓度电解液，可以降低成本；同时钠离子不与铝形成合金，负极可采用铝箔作为集流体，可以进一步降低成本。

406. 钠离子电池与常见的商业锂电池（磷酸铁锂电池、三元锂电池）的特点有哪些不同?

答：钠离子电池与磷酸铁锂电池及三元锂电池的特点对比如表9所示。

表 9 钠离子电池、磷酸铁锂电池、三元锂电池特点对比

项目	钠离子电池	磷酸铁锂电池	三元锂电池
地壳丰度	2.60%	锂：0.0017% 镍：0.008% 钴：0.002%	锂：0.0017%
资源保障	资源丰富，分布广泛，提炼简单	分布不均匀，锂集中在澳大利亚、南美洲等，我国已探明锂资源占全球 6%；镍集中在印度尼西亚、北美洲等；钴集中在刚果、澳大利亚等	分布不均匀，锂集中在澳大利亚、南美洲等，我国已探明锂资源占全球 6%
环境影响	较轻，氰化钠有毒	较轻，钴有毒	优
能量密度	140~160Wh/kg	240~280Wh/kg	150~200Wh/kg
循环次数	3000~5000 次	3000~6000 次	4000~8000 次
安全性能	高	差	较高
高温性能	好	高镍较差	较好
低温性能	好	较好	差
电压平台	2.8~3.7V	3.0~4.5V	3.0~4.5V
其他	可以使用低浓度电解液；负极可用铝箔替代铜箔；快充不影响寿命	—	—

407. 什么是储能？储能方式的分类有哪些？

答：从广义上讲，储能即能量储存，是指通过一种介质或设备，把一种能量用同一种或转换成另一种能量存储起来，基于未来应用需要以特定能量形式释放出来的循环过程。从狭义上讲，针对电能的存储，储能是指利用化学或物理的方法将产生的能量存储起来并在需要时释放的一系列技术和措施。

储能可以分为机械储能、电磁储能、电化学储能、热储能、氢储能五大类。其中机械储能主要包括抽水储能、压缩空气、飞轮储能等；电磁储能主要包括超导储能、超级电容储能等；电化学储能主要包括锂离子电池、铅碳电池、铅蓄电池、钠硫电池、液流电池等；热储能主要包括储热、储冷、相变等；氢储能主要包括氢储能、氨储能等。

408. 目前储能市场主流应用储能形式是什么？

答：目前储能市场主流应用储能形式依然为抽水储能，占比约为79%；其

次为电化学储能，占比约为19%。其中电化学储能中，锂离子电池占比94%，液流电池占比有所增长。

409. 电化学储能的种类和工作原理是什么?

答：电化学储能是通过电池所完成的能量储存、释放与管理的过程。电化学储能主要包括以下种类：

（1）锂离子电池：依靠锂离子在正极和负极之间的移动来工作的一种充电电池。

（2）铅碳电池：通过在传统铅酸电池的负极引入具有电容特性的碳材料，充电时电能转化为化学能，放电时化学能转化为电能。

（3）铅蓄电池：充电时电能转化为化学能，放电时化学能转化为电能，铅蓄电池通过充电和放电过程储存能量。

（4）钠硫电池：负极为熔融金属钠、正极为液态硫的电池，电池中的钠与硫可以通过化学反应储存电能。

（5）液流电池：利用金属元素氧化状态下存在的能量差异来储能或释放能量。

410. 机械储能的种类和工作原理是什么?

答：机械储能主要包括以下种类：

（1）抽水储能：在电力负荷低谷期将水从下池水库抽到上池水库，将电能转化成重力势能储存起来，在电网负荷高峰期释放上池水库中的水发电。

（2）压缩空气储能：压缩空气技术在电网负荷低谷期将电能用于压缩空气，将空气高压密封在报废矿井、沉降的海底储气罐、山洞、过期油气井或新建储气井中，在电网负荷高峰期释放压缩的空气推动汽轮机发电。

（3）飞轮储能：飞轮储能利用电动机带动飞轮高速旋转，将电能转化成机械能储存起来，在需要时飞轮带动发电机发电。

411. 电磁储能的种类和工作原理是什么?

答：电磁储能主要包括以下两类：

（1）超级电容储能：根据电化学双电层理论研制而成，又称双电层电容器，两电荷层的距离非常小（一般在0.5mm以下），采用特殊电极结构，使电极表面积成万倍地增加，从而产生极大的电容量。

（2）超导储能：超导储能系统是由一个用超导材料制成的放在一个低温容器中的线圈、功率调节系统和低温制冷系统等组成，能量以超导线圈中循环流动的直流电流方式储存在磁场中。

412. 热储能的工作原理是什么?

答：热储能以储热材料为媒介，将由电能转化的热能及太阳能光热、地热、工业余热、低品位余热等储存起来，在需要的时候释放，以解决由时间、空间或强度上的热能供给与需求不匹配所带来的问题。在一个热储能系统中，热能被储存在隔热容器的媒介中，可以直接利用也可以转化为电能利用。

413. 氢储能的工作原理是什么?

答：氢储能是一种新型储能，在能量、时间和空间维度上具有突出优势，可在新型电力系统建设中发挥重要作用。氢储能技术是利用电力和氢能的互变性而发展起来的。氢储能既可以储电，又可以储氢及其衍生物（如氨、甲醇等）。狭义的氢储能是基于“电－氢－电”的转换过程，主要包含电解槽、储氢罐和燃料电池等装置。利用低谷期富余的新能源电能进行电解水制氢，储存起来或供下游产业使用；在用电高峰期时，储存起来的氢能可利用燃料电池进行发电并入公共电网。广义的氢能强调“电－氢”单向转换，以气态、液态或固态等形式存储氢气，或者转化为甲醇和氨气电化学衍生物进行更安全的储存。

414. 储能发展的重要意义是什么?

答：储能的发展具有重要意义，具体包括以下三个方面。

（1）储能作为一种优质的灵活性资源，能够为电网运行提供调峰、调频、备用、黑启动、需求响应支撑等多种服务，是提升传统电力系统灵活性、经济性和安全性的重要手段。未来储能的经济性将在持续的示范与应用中得到逐步提升，解决能源生产和使用的空间不匹配、时间不同步问题。

（2）为实现“双碳”目标，可再生能源将迎来规模化发展，但风电、光伏发电的波动性和随机性特征，增加了调峰、调频压力，引发了电网电压质量下降等问题。在此背景下，储能是有效缓解大规模可再生能源并网压力的一种技术手段，能够显著提高风、光等可再生能源的消纳水平，支撑分布式电力及微网，是推动主体能源由化石能源向可再生能源更替的关键技术。

（3）储能可有效促进能源生产消费开放共享和灵活交易、实现多能协同，是构建能源互联网，推动电力体制改革和促进能源新业态发展的基础。

415. 储能系统中使用的简称 BMS、PCS、EMS 分别是什么意思?

答：BMS全称Battery Management System，电池管理系统，它是配合监控储能电池状态的设备，主要就是为了智能化管理及维护各个电池单元，防止电池出现过充电和过放电，延长电池的使用寿命，监控电池的状态。一般BMS表现为一块电路板，或者一个硬件盒子。

PCS全称Power Conversion System，储能变流器，又称双向储能逆变器，是储能系统与电网之间实现电能双向流动的核心部件，用作控制电池的充电和放电过程，进行交直流的变换。

EMS全称Energy Management System，能量管理系统，是一种集软硬件于一体的智能化系统，用于监控、控制和优化能源系统中的能量流动和能源消耗。它基于数据采集、分析和决策支持技术，能够实时监测能源设备的运行状态、能源消耗情况及环境条件，从而实现对能源的高效管理和优化。

416. 储能的产业链结构包括哪些?

答：储能的产业链结构分为上游、中游、下游。

（1）上游为原料及设备供应，原材料供应主要为电池材料和其他材料，其中电池材料主要为正极材料、负极材料、电解液、隔膜等（电池种类不同材料也不同），其他材料主要为其他储能模式所需原材料。

（2）中游为储能系统建设，储能基础技术包括电化学储能和其他方式储能；储能集成和安装是对电池组、BMS、PCS、EMS等各部件进行系统集成整合及安装；储能系统维护主要为储能EPC、储能电站运营维护测试及其他。

（3）下游为应用，发电侧应用于光储电站、风电储能电站、传统储能电站等；电网侧应用于削峰填谷、变电站储能等；用户侧应用于户用储能、便携储能、工商业储能等。

417. 短时储能的主要方式、核心特点及应用场景分别是什么?

答：短时储能主要方式：锂离子电池（中短时储能）、铅蓄电池、钠硫电池、超级电容等。核心特点：短时高频，调节精度高，响应时间可达数秒或数毫秒，电化学类已进入商业化阶段。应用场景：备用电源、电网调频、微网调峰、UPS等。

418. 长时储能的主要方式、核心特点及应用场景分别是什么?

答：长时储能主要方式：抽水蓄能、氢储能、压缩空气、液流电池等。核心特点：规模大，能量存储时间长，可应对跨天/月需求。应用场景：长时段电网调峰、可再生能源并网、黑启动等。

419.（中）短时储能主要有哪几种类型，分别有哪些优势?

答：（中）短时储能一般以功率型和能量型为主。不同场景下储能的需求痛点不同，（中）短时储能中毫秒和秒级技术更侧重解决应急调频，瞬间功率调节。小时级别（通常<10小时）（如电化学储能）多应用于平滑出力波动、缓解调峰压力等，飞轮储能适用于大功率、响应快、高频次的场景，典型市场应用包括UPS、轨道交通、电网快速大容量调频。（中）短时储能主要为超级电容储能、飞轮储能、电化学储能等。

（1）超级电容储能。技术优势：大比功率、长循环寿命、能源效率高、响应速度快、环境适应性强。成本优势：一般，单位能量成本高。场景应用优势：响应快，效率高，可快速稳定功率抑制波动。如发生电网暂态扰动事件功率突变时，需要短时毫秒级或秒级储能技术快速释放能量解决电压暂降问题。

（2）飞轮储能。技术优势：充放电效率高、功率密度大、响应速度快、使用寿命长、使用钢材、安全性高。成本优势：弱，单位投资成本高。场景应用优势：短时调频，暂降治理，改善电能质量，可应用于调频、分布式发电及微网、数据中心UPS电源保障、轨道交通节能稳压、电压暂降治理等场景。

（3）电化学储能。技术优势：主要包括锂离子电池、铅蓄电池、钠硫电池；使用寿命：液流电池>锂离子电池>钠离子电池>铅蓄电池，锂离子和液流电池可服务15~20年；能量密度：锂离子电池最高（200~400Wh/L）。成本优势：锂离子电池成本优势大，最先实现商业化。场景应用优势：市场中以锂离子电池为主，液流电池逐步发展，电化学电池储能可满足一般电网侧常规调频、调峰需求，实现电源保障，基站储能，平滑间歇性波动。

420. 长时储能主要有哪几种类型，分别有哪些优势?

答：（中）短时储能主要针对应急和小时级别调峰调频需求，长时储能在可再生能源发电渗透率更高的场景下发挥更大发展潜力。风光电的占比越大，减少弃电、调频调峰及长时储备的需求就越大。相较于（中）短时储能，长时储能可以更好地实现电力平移，削峰填谷平衡电力系统、规模化储存电力和保障电力稳定性。长时储能主要为抽水储能、压缩空气储能、液流电池储能、氢储能、熔盐储热。

（1）抽水储能。技术优势：循环次数久、使用寿命长。成本优势：当前最成熟的储能技术，度电成本最低。场景优势：适合在有高度差的山地丘陵空旷地带建造，储能容量大，可实现大规模调峰调频。

（2）压缩空气储能。技术优势：单机规模大、储能时间长、使用寿命长、无地理位置约束，可大规模上量。成本优势：适中，建造成本和设备成本易控制。场景优势：长时调峰调频、处理黑启动问题、缓解输配电阻塞、提高供电可靠性，发挥保底电网作用。

（3）液流电池储能。技术优势：全钒液流电池较成熟，能量效率高、循环寿命长、功率密度高等。成本优势：适中。场景优势：长时调峰调频、处理黑启动问题、缓解输配电阻塞、提高供电可靠性，发挥保底电网作用。

（4）氢储能。技术优势：放电时间长、容量规模大、边际成本低、无自衰减、更适配长周期。成本优势：弱。场景优势：长时调峰调频、处理黑启动问题、热电联供、微电网响应。

（5）熔盐储热。技术优势：功率可达到百兆瓦级别，可实现单日10小时以上的储热能力，使用寿命可达30年以上。成本优势：弱，能源转化率低。场景优势：长时调峰调频、处理黑启动问题、缓解输配电阻塞、提高供电可靠性、发挥保底电网作用。

421. 什么是电动汽车与电网充放电双向互动（V2G）？

答：V2G是指电动汽车动力蓄电池通过充放电装置与公共电网相连，作为储能单元参与公共电网供电的运行方式，实现双向能量流动。电动汽车通过充放电装置与电网系统集成，将动力电池作为移动储能、将充电变为可控负荷，聚合参与电网运行，实现电动汽车与电网间的能量流、信息流双向互动，有效解决新型电力系统安全保供过程中供需协同不足的问题。

422. 什么是微电网?

答：微电网由分布式发电、用电负荷、监控、保护和自动化装置等组成（必要时含储能装置），是一个能够基本实现内部电力电量平衡的小型供用电系统。其中，分布式电源是指接入35kV及以下电压等级电网、位于用户附近、在35kV及以下电压等级就地消纳为主的电源，包括同步发电机、异步发电机和变流器等类型电源。微电网是一个能够实现自我控制、保护和管理的自治电力系统，具备完整的发电、配电和用电功能，能够有效实现网内的能量优化。

微电网分为并网型微电网和独立型微电网。并网型微电网是指既可以与外部电网并网运行，也可以离网独立运行，且以并网运行为主的微电网。独立型微电网是指不与外部电网联网，实现电能自发自用、功率平衡的微电网。

423. 什么是配电网?

答：配电网是从输电网或地区发电厂接收电能，通过配电设施就地分配或按电压逐级分配给各类用户的电力网，是由架空线路、电缆、杆塔、配电变压器、隔离开关、无功补偿电容、计量装置及一些附属设施等组成的，一般采用闭环设计、开环运行，其结构呈辐射状。

424. 什么是虚拟电厂?

答：虚拟电厂是指实现分布式发电、储能设备和可控负荷的聚合、优化和控制的组织或系统。虚拟电厂资源可根据其资源属性分为能量输出型和功率调节型，资源可具有双重属性。能量输出型资源能够向外输出电能量，应具备参与电能量市场等功能，主要包含小型燃气机组、分布式光伏、分散式风电等。功率调节型资源能够接受调控指令，并在秒级、分钟级或更长时间尺度上进行功率调节，调节方向可上调也可下调，具备参与电网调峰、调频等功能，主要包含储能、电动汽车、可控负荷、小型燃气机组等。

425. 什么是源网荷储一体化?

答：源网荷储一体化是指在电力系统中将电源、电网、负荷和储能等多个组件进行整合，形成一个协同工作的新型电力运行模式。

在源网荷储一体化中，通过智能化技术，对电源、电网、电荷和电能储存进行全面监测、控制和协同运行，以实现能源的高效利用和系统的稳定运行。这种一体化的电力系统更具有适应性，能够更好地集成可再生能源，减少电网的波动性，提高电能的可再生比例，最终提高电力系统的灵活性、可靠性和可持续性，以更好地适应新能源、智能电网和清洁能源发展的需求。

426. 源网荷储一体化主要由什么组成?

答：具体来说，源网荷储一体化主要由以下部分组成：

（1）电源（源）：包括传统的火电、水电、风电、太阳能等各种发电方式。新能源如风电和太阳能具有间歇性和不可控性，通过一体化可以更好地管理这些波动的电源。

（2）电网（网）：电力系统中的输电、配电网，以及智能电网技术的应用。电网是电力系统的骨干，一体化的目标是更好地协调和平衡电源和负荷之间的关系，提高电能传输和分配的效率。

（3）负荷（荷）：指电力系统中的各类用户，包括工业、商业、居民等。通过一体化，更灵活地满足不同用户的电力需求，优化用电计划，提高电力利用效率。

（4）储能（储）：主要指电池、超级电容等储能设备。储能系统能够储存多余的电能，以便在需要时释放，提高系统的稳定性，平滑电力波动，应对电力系统的瞬时需求。

427. 什么是光储充（换）一体化?

答：“光储充”一体化是指将光伏发电系统、储能设备、充（换）电设施等多个组件进行整合，形成一个协同工作的新型运行模式。而“光储充放”一体化，则增加了放电或向电网反向供电的功能，“光储充放检”则是在其基础上进一步增加电池检测服务。光储充一体化系统不仅解决了有限的土地及电力容量资源中配电网的问题，还能通过能量存储和优化配置实现本地能源生产与用电负荷基本平衡。

第三章　氢能知识

428. 什么是氢?

答：氢是一种化学元素，位于元素周期表首位，是最轻的元素，原子量为1.00797，氢原子结构简单，仅有一个质子和一个电子，极易形成氢分子。氢气，化学式为H_2，分子量为2.01588，常温常压下，是一种极易燃烧、无色透明、无臭无味且难溶于水的气体。氢气是世界上已知的密度最小的气体，氢气的密度只有空气的1/14，即在标准大气压和0℃条件下，氢气的密度为0.089g/L。

429. 什么是灰氢、蓝氢和绿氢?

答：灰氢是指利用化石燃料制备的氢气，如来源于煤炭和天然气的氢，排放相对较高，但成本较低；蓝氢是在利用化石燃料制取氢气的基础上，配备碳捕集、利用与封存技术（CCUS）对排放的CO_2进行捕集、封存和利用，进而降低碳排放，该方式生产的氢气即为蓝氢；绿氢是通过可再生能源制备的氢气，也是可再生氢。

430. 氢的火焰是什么颜色的?

答：氢的火焰是无色的，在白天肉眼几乎看不到，只有在黑暗的条件下才可以看到淡蓝色火焰，因此在白天很难察觉。接近氢火焰的时候可能并不能意识到火焰的存在，有灼伤人体的风险。但是，氢燃烧的火焰在可见光范围内放出的热量较低，热辐射少，对周围环境中的物体影响也比较小，这也是有利的一点。

431. 氢气纯化方法有哪些?

答：氢气纯化的方法主要有低温吸附法、低温吸收法、变压吸附法、深冷分离法、膜分离法及金属氢化物分离法等。根据氢气中所含杂质种类和含量的差异，其所采用的纯化方法也有区别。

432. 氢气纯化方法有哪些特点?

答：氢气纯化方法有以下特点。

（1）低温吸附法是利用在低温条件下，吸附剂对氢源中某些特定低沸点气体杂质组分的选择性吸附，从而实现氢气的分离。低温吸附法是根据氢气中杂质的种类选择相应的吸附溶剂，在低温下循环吸收和解吸氢气中的杂质，从而实现纯化的过程。

（2）变压吸附氢气纯化是利用混合气中不同组分在吸附剂上的吸附量因压力变化而有差异的特性，通过交替切换循环工艺实现氢气的纯化。

（3）膜分离是基于各种物质透过膜的速率不同，使混合气体中各组分得到分离、分级和富集。

（4）深冷分离是通过气体透平膨胀制冷，在低温下将原料气中各组分按工艺要求冷凝下来，然后用精馏法将其中的各种烃类物质逐一加以分离。

433. 什么是氢脆?

答：氢脆是指溶于金属中的氢，聚合成氢分子，造成应力集中，超过金属的强度极限，在其内部形成细小的裂纹，又称为白点。氢脆只可防不可治，一旦产生，便无法消除。金属材料在氢介质中长期使用，氢也会以原子的形态渗入材料中，因为氢原子具有最小的原子半径，可以毫不费力地进入金属晶格的缺陷并形成分子而给材料带来危害，引起氢脆而造成脆断。

434. 防控氢脆的措施有哪些?

答：可以采用氧化物涂层、消除应力集中、使用氢添加剂、保持适当的晶粒尺寸等措施来预防氢脆的产生。此外，铝对氢的敏感性低，可以用作结构材料来降低氢脆的发生。在加工零部件时，可适当增加钢材的厚度、表面光洁度。

435. 氢气有哪些安全特性?

答：氢气的安全特性如下：

（1）氢脆现象：氢气在储存运输过程中，存在氢脆现象，容易脆化金属而发生泄漏。

（2）扩散性：氢气的密度约为空气的1/14，氢气泄漏后迅速向上扩散，从而减少了点火风险。然而，饱和氢蒸气比空气重，它会一直靠近地面扩散。一旦温度上升，密度减小，就会增加向上扩散的可能性。

（3）泄漏性：氢气分子小，易泄漏。氢在容器和管道内的泄漏量为甲烷气体泄漏量的1.3~2.8倍，约为空气泄漏量的4倍。

（4）火焰可见性：氢–空气火焰主要辐射光谱在红外线和紫外线区域，在白天几乎看不见。

（5）燃烧特性：氢气在常温常压空气中的可燃极限为4%~75%（体积分数），爆轰极限为18.3%~59%（体积分数）。

436. 氢气的泄漏与扩散速度如何?

答：氢气的泄漏与扩散速度约为甲烷的2.83倍，扩散速度及燃烧速度非常快，并且在空气中是上升的，不是铺开的燃烧，在燃烧的时候相比汽油或天然气是有优势的。但如果泄漏量较大，氢气的快速扩散会导致室内空气很快到达着火点，具有较大的危险性。

437. 氢气爆炸的必备条件是什么?

答：氢气爆炸极限是4.0%~75.6%（体积分数），意思是如果氢气在空气中的体积浓度为4.0%~75.6%时，遇火源就会爆炸，而当氢气浓度小于4.0%或大于75.6%时，即使遇到火源，也不会爆炸。

438. 氢气可应用于哪些领域?

答：氢气不仅是一种洁净的二次能源，也是非常重要的工业原料。其用途非常广泛，除了作为燃料使用外，在炼油、冶金、化工、半导体、芯片、浮法玻璃、医药、航天航空领域也有广泛应用。

439. 氢在工业领域的应用现状和前景分别是什么?

答：目前，氢气是石油领域炼油及化工行业中的重要原料。石油和天然气等化石燃料的精炼需要用氢，如煤的液化、轻油的精制、重油的裂化等。在化工行业中，合成氨和制备甲醇需要氢作原料。全球约55%的氢用于氨合成，25%用于炼油厂加氢生产，10%用于甲醇生产，10%用于其他行业。今后，氢在冶金领域的应用也十分值得期待。一方面，氢气不仅可以用作清洁燃料，还可以用作还原气，将金属氧化物还原成金属。另一方面，氢气可以作为保护气，防止金属被氧化。

440. 氢气有哪些制备方法?

答：目前有甲醇制氢、天然气制氢、煤制氢、工业副产氢、电解水制氢及光解水制氢等多种方式。

441. 什么是甲醇制氢?

答：甲醇可以通过水蒸气重整反应和放热的氧化重整反应制氢。水蒸气重整反应具有反应温度低、氢气选择性好、CO浓度低等优点。其反应方程式为：$CH_3OH + H_2O \longrightarrow CO_2 + 3H_2$。

442. 什么是甲酸制氢?

答：甲酸制氢是一种将化学能转化为氢能的过程，其原理是甲酸在催化剂的存在下可以被分解为二氧化碳和氢气。这个过程中需要加热，通常使用太阳能或电力加热，使甲酸发生水蒸气重整反应，生成氢气和二氧化碳。甲酸是一种易于制备、稳定性好、成本低廉的原料，因此被广泛应用于氢能领域。

443. 什么是氨分解制氢?

答：氨（NH_3）为氮氢化合物，在常温常压下以气态形式存在，能量密度高，其分子中氢的质量分数为17.6%。氨在标准大气压下的液化温度为25℃，容易液化，能耗较小。液氨便于储存和运输。氨虽然有毒，但其毒性较小，且氨分解产物只有氮气和氢气，没有其他副产物，是一个零碳过程。

氨分解制氢是一个比较简单的反应体系，其反应方程式如下：

$$2NH_3 \rightarrow N_2+3H_2 \qquad \Delta H\ (298K)=47.3kJ/mol$$

由于该反应为弱吸热、体积增大的反应，所以高温、低压的条件有利于氨分解反应的进行。

444. 什么是天然气制氢?

答：天然气的主要成分是甲烷，工业上通常采用水蒸气、氧气介质与甲烷反应，先生成合成气，再经化学转化与分离，制备氢气。

445. 什么是煤制氢?

答：煤制氢主要是通过煤的焦化或气化来制备氢气，煤的焦化是以制取焦炭为主，焦炉煤气是副产品，其含有55%~60%的氢气，可作为制氢的原料。煤的气化制氢是先将煤炭气化得到以H_2和CO为主要成分的气态产品，然后经过净化、CO变换和分离、提纯等处理而获得一定纯度的成品氢气。

446. 什么是光解水制氢?

答：光解水制氢是未来一个重要的发展方向，其是利用能带结构适宜的半导体材料作为光催化剂，光催化剂在吸收一定能量的光子后，产生电子和空穴，成对出现，分别称为光生电子和光生空穴。他们迁移到半导体表面，光生电子与水反应生成氢气，光生空穴则与水反应生成氧气。

447. 风光制氢有什么特点?

答：风光制氢包括风电制氢、光电制氢和风光耦合制氢。我国水电、风电、光电装机规模均居世界第一，总装机容量约占全球可再生能源总量的28%。但受发电随机性、季节性和反调峰特性影响，存在大量弃风、弃光现象，为回收弃风弃光，同时利用可再生能源替代化石燃料制氢实现碳减排，风光制氢是可行的解决方案。

448. 风电制氢的基本思路是什么?

答：风电制氢的基本思路是将超过电网容量的部分风力发电直接利用非并网风力发电模式，将产生的氢气储存运输用于氢燃料电池汽车等。风力发电具有适应性强、安全高效的特点。风电制氢集成控制系统具体包括燃料电池、储氢和制氢等相关控制系统，通过控制系统的运行，可以灵活地分配制氢功率。通过控制制氢电压，可以保证制氢系统维持在高效范围内，通过一系列的控制，可以保证制氢、耗氢和储氢系统的安全运行。国家目前大力支持风电制氢项目开发。

449. 光伏制氢的原理是什么?

答：光伏制氢的原理是首先由光子转化为电子、光能量转化为电能量，最后形成电压。光伏发电的主要核心元件是太阳能电池，其他还有蓄电池组、控制器等元件。近年来，光伏制氢一直热度不减。光伏发电制氢将太阳能面板转化的电能供给电解槽系统电解水制氢，系统整体结构类似风力发电制氢系统。我国光伏发电相关技术及建设规模已达世界领先水平，随着光伏发电成本的下降，光伏制氢在脱碳减排中扮演着重要角色。

450. 光伏制氢的优势是什么?

答：光伏制氢最大的优势就是储能，而氢气作为一种理想的能量载体，优势也是十分明显的，例如：氢气能以极高的转换效率（50%~90%）转换为电能或其他燃料；氢气可以作为太阳能、风能等可再生能源波动性和不稳定性的补偿；氢气能以气态、液态甚至固态形式存储；氢气可以长距离通过管道或气罐进行运输；氢气是一种高能量重量比（142MJ/kg）的燃料，远高于化石燃料；氢气燃烧的最终产物只有水，使用中不会有污染物的排放等。

451. 什么是风光耦合制氢?

答：风光互补耦合发电制氢系统由风力发电系统、太阳能发电系统、电解水制氢装置及氢能储存和利用系统组成。风光互补耦合发电制氢系统工作原理为当区域电网中风光资源富余时，将弃风弃光资源用于电解水制氢，当电网电力不足时，氢能通过燃料电池为电网供电，发挥削峰填谷的作用，同时还可极大提升风光资源的利用率及并网稳定性，使得风力、光伏发电优势特性互补。风光耦合制氢利用风能、光能互补的优势，可以获得稳定的电力输出，系统有较高的稳定性和可靠性，且在同样供电的情况下，可大大减少储能蓄电池的容量。

452. 什么是电解水制氢?

答：电解水制氢反应是在外加电压的情况下，水分子在阴极析出氢气，在阳极析出氧气的反应过程。电解水制氢过程包括两个半反应，即发生在阴极的析氢反应和发生在阳极的析氧反应。虽然电解水在不同的电解质中总反应相同，但电极上会发生不同的电化学反应。在酸性溶液中，阳极：$2H_2O \longrightarrow 4H^+ + 4e^- + O_2$，阴极：$4H^+ + 4e^- \longrightarrow 2H_2$。在碱性溶液中，阳极：$4OH^- \longrightarrow 2H_2O + 4e^- + O_2$，阴极：$4H_2O + 4e^- \longrightarrow 2H_2 + 4OH^-$。总反应均为：$2H_2O \longrightarrow 2H_2 + O_2$。

453. 电解水制氢的技术路线有哪些?

答：目前，电解水制氢技术主要有四种，即碱性电解水制氢（AWE）、质子交换膜电解水制氢（PEM）、固体氧化物电解水制氢（SOEC）及阴离子质子交换膜电解水制氢（AEM），其中AWE和PEM已实现商业化应用，SOEC和AEM还处在研发示范阶段，仍需进一步的技术攻关。

454. AWE 技术有什么特点?

答：AWE技术是以30% KOH溶液或25% NaOH溶液作为电解质，在80~90℃工作温度下进行电解制氢。其核心设备是碱性制氢电解槽，该技术成熟度高，设备制造成本低，单体设备产氢量大，但是碱性电解槽所用隔膜为渗透膜，需等压运行。

455. 碱性电解槽由哪些零部件组成?

答：如图3所示，碱性电解槽主要由端压板、密封垫、双极板、阳极电极、阴极电极及隔膜等零部件组成。双极板也称为主极板，基本作用是将碱水制氢电解槽的内部空间分开，形成多个电解小室。阳极电极和阴极电极是决定碱水制氢电解槽产氢效率的根本，是催化电解水反应发生的主要场所。

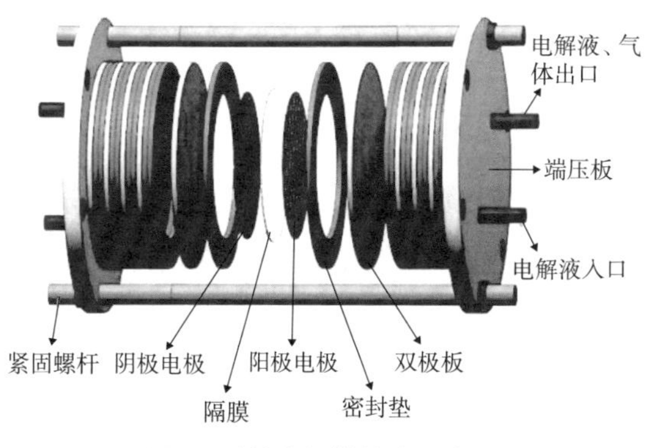

图3　碱性电解槽构成示意图

456. 碱性电解槽隔膜的特点是什么?

答：碱性电解槽所用隔膜为渗透隔膜，其特性是耐碱腐蚀、孔径小、孔隙率大、亲水性好，能够防止电解小室中的氢氧侧气体混合。但由于氢气分子直径很小，渗透隔膜又没有选择透过性，所以为保证安全，在装置运行时，氢侧压力和氧侧压力必须相等。

457. 质子交换膜电解水制氢（PEM）技术有什么特点?

答：PEM技术是以纯水为原料，以质子交换膜为隔膜，通过在隔膜两侧负载阴极催化剂和阳极催化剂制备得到膜电极，去离子水只需进入电解槽阳极侧，通电后，膜电极阳极侧产生氧气和氢离子，氢离子到达阴极侧产生氢气。该技术具有电流密度高、可差压运行等优点，但其设备成本比较高。

458. 固体氧化物电解水制氢（SOEC）技术有什么特点?

答：SOEC技术采用固态氧化物作为电解质，在700~1000℃的高温环境下，水蒸气直接电解制备H_2和O_2。该技术最大的优势在于其能量转化效率高，但其高温密封较难，并且高温环境对材料的化学和机械稳定性提出了更高的要求。

459. 阴离子质子交换膜电解水制氢（AEM）技术有什么特点?

答：AEM技术是在结合了碱性电解水和PEM电解水的优势基础上而发展的一种新兴的电解水技术，该技术以阴离子交换膜为隔膜，在低浓度的碱性溶液或纯水中，采用非贵金属作为催化剂，这使AEM电解水具有成本低、无腐蚀性溶液、结构紧凑等优点，但也存在膜稳定性差等问题。

460. 氢气有哪些储存方式?

答：根据储存状态，可将储氢方式分为四大类，即高压气态储氢、低温液态储氢、有机液态储氢和固态储氢。高压气态储氢技术因其设备结构简单、压缩氢气制备能耗低、充装快等特点，成为目前主流的储氢方式。

461. 目前高压气态储氢容器主要有几种类型?

答：目前，高压气态储氢容器主要分为全金属气瓶（Ⅰ型）、金属内胆纤维环向缠绕气瓶（Ⅱ型）、金属内胆纤维全缠绕瓶（Ⅲ型）及非金属内胆纤维全缠绕瓶（Ⅳ型）四种类型。Ⅰ型和Ⅱ型储氢瓶以固定应用方式为主，Ⅲ型和Ⅳ型储氢瓶以车载储氢应用为主。

462. 什么是液化储氢?

答：氢气液化储存是一种深冷的氢气储存技术。氢气经过压缩后，深冷至21K以下转化为液态氢后，存储在绝热真空容器中。氢气液化目前存在的主要问题：一是能耗大，氢气液化经历压缩、预冷、热交换、涡轮机膨胀、节流阀膨胀等多个过程，能耗巨大；二是由于液氢的沸点低、潜热低、易蒸发，在液氢储存中存在液氢汽化的现象，当液氢储罐内达到一定压力后，减压阀会自动开启，造成氢气泄漏，这一方面会造成氢气的损失，另一方面会引起安全性问题。

463. 固态储氢有哪些方式?

答：固态储氢方式主要包括物理吸附储氢及金属氢化物储氢等多种类型。物理吸附储氢通常选择比表面积大的多孔材料，比如多孔碳材料、金属有机骨架材料及沸石类材料。金属氢化物储氢材料目前主要有镁系储氢合金、铁系储氢合金、钛系储氢合金等。

464. 金属氢化物储氢原理是什么?

答：金属氢化物储氢是利用金属（合金）的强“捕捉”氢的能力，在一定温度和压力条件下，氢分子在金属（合金）表面分解为氢原子并扩散到金属（合金）的原子间隙中，与其反应形成金属氢化物，同时放出大量的热量；而对这些金属氢化物进行加热时，它们又会发生分解反应，氢原子又结合成氢分子释放出来。

465. 目前氢气的运输方式主要有哪些?

答：目前氢气运输主要有氢气长管拖车运输、氢气管道运输及液氢罐车运输等。长管拖车运氢是目前氢气运输的主流方式，但其运输量较小，仅适用于短途运输，长途运输经济性较差。管道运输具有运载量大、效率高、长距离下经济实惠等优势，但其投资成本较高。液氢的体积密度可以达到70.8kg/m³、体积能量密度可以达到8.5MJ/L，是15MPa氢气运输压力下的6.5倍，但其液化投资高、能耗大，对设备的要求也较高。

466. 长管拖车运氢适用于哪种运输场景？

答：当运输距离为50km时，氢气的运输成本为4.9元/kg；随着运输距离的增加，长管拖车运输成本逐渐上升，当距离500km时运输成本近22元/kg，所以考虑到经济性问题，长管拖车运氢一般适用于200km内的短距离和运量较少的运输场景。

467. 氢储运环节目前有哪些制约因素？

答：储运成本高昂，能量消耗大。目前国内普遍采用气态高压储氢和长管拖车的运输方式，约占氢气终端消费价格的一半。液态和固态储氢技术仍不成熟，且前期投资较大，制造成本高昂。液态氢的储运过程伴随液化过程，需消耗大量能量。

468. 长输管道掺氢路线可行吗？

答：管道输氢是具有发展潜力的低成本运氢方式，但输氢管道由于氢脆现象需选用含碳量低的材料，导致氢气管道的造价是天然气管道造价的2倍以上，此外占地拆建等问题也导致投资成本高。如果利用现有的天然气长输管道掺氢运输可以解决上述难题。天然气掺氢也是氢能研究热点，国内外科研机构纷纷投入研究，目前多个示范项目也在陆续推进中。如果掺氢示范验证成功，并解决天然气管道与氢气相容性问题，煤制天然气工厂可以充分利用现有西气东输管道等天然气主干管网和庞大的支线管网掺氢运输，无须任何改造，降低了氢气的运输成本。

469. 天然气管道掺氢的安全比例是多少？

答：对于掺氢的天然气管道，其各个部分的适用掺氢比例有很大区别。压缩机等管网设备能接受的掺氢比例是最小的，约为10%；管道能接受的掺氢比例随着钢级的不同而有所变化，大致范围为30%~50%；安全事故允许的掺氢比例在24%左右。

470. 氢在储能领域的应用前景有哪些?

答：中国氢储能产业整体处于以小型示范项目为主的发展初期。氢能能量密度高，运行维护成本低，可同时适用于极短或极长时间供电的能量储备。风电、光伏出力受限时，利用富余的可再生能源制氢，并作为备用能源储存下来；在负荷高峰期发电并网，提高新能源的消纳能力，减少弃风、弃光，增强电网可调度能力并确保电网安全。未来随着规模化的氢储能系统的应用，可利用储氢实现跨季调峰等应用。

471. 什么是燃料电池?

答：燃料电池是一种将燃料和氧化剂中的化学能直接转换成电能的能量转换装置。其中，以氢气或富氢气体为燃料即为氢燃料电池。燃料电池工作时需要不间断地向电池内送入燃料和氧化剂。最常用的燃料是纯氢，最常用的氧化剂是净化空气。

472. 燃料电池有哪几种类型?

答：根据电池所用电解质不同，将燃料电池分为自呼吸式燃料电池、碱性燃料电池、直接燃料电池、熔融碳酸盐燃料电池、磷酸燃料电池、聚合物电解质燃料电池、质子交换膜燃料电池、可再生燃料电池、固体氧化物燃料电池等多种类型。目前，汽车用燃料电池多为质子交换膜燃料电池，其工作温度在100℃以下，可在室温下快速启动，并可按负载要求快速改变输出功率。

473. 氢燃料电池反应过程需要经过燃烧吗?

答：不需要。氢燃料电池是通过氢氧之间的电化学反应输出电能，排放热量和水，其反应过程为：阳极：$H_2 \longrightarrow 2H^+ + 2e^-$；阴极：$1/2O_2 + 2H^+ + 2e^- \longrightarrow H_2O$；总反应：$H_2 + 1/2O_2 \longrightarrow H_2O$。虽然氢燃料电池的产物与燃烧过程相同，但是，其不需要经过热机过程而直接产生电能，无“火焰”，也不受卡诺循环效率限制。

474. 目前的燃料电池汽车主要采用哪种燃料电池，其燃料电池系统由什么组成?

答：目前的燃料电池汽车主要采用的是质子交换膜燃料电池。其燃料电池系统由电堆和辅助系统共同构成。电堆主要包括阴极、阳极和冷却腔等三部分。辅助系统包括燃料子系统、空气子系统、热管理子系统和系统控制器等部分。

475. 在质子交换膜燃料电池汽车中，燃料电池电堆的结构由什么组成?

答：如图4所示，通常燃料电池电堆的结构由外而内依次为端压板、集流板、双极板、膜电极，其中膜电极又包括气体扩散层、催化层和质子交换膜，这是保证电化学反应高效进行的核心场所。端压板是将多个质子交换膜燃料电池电堆串联起来后，在两侧为电堆提供装配夹紧力的部件，要求其具有一定的强度和良好的绝缘性。双极板主要起到分隔氧化剂、还原剂及冷却剂的作用，通过流道将氧化剂和燃料分配到各单池电极的各处，此外，还起到收集传导电流和支撑膜电极的作用。

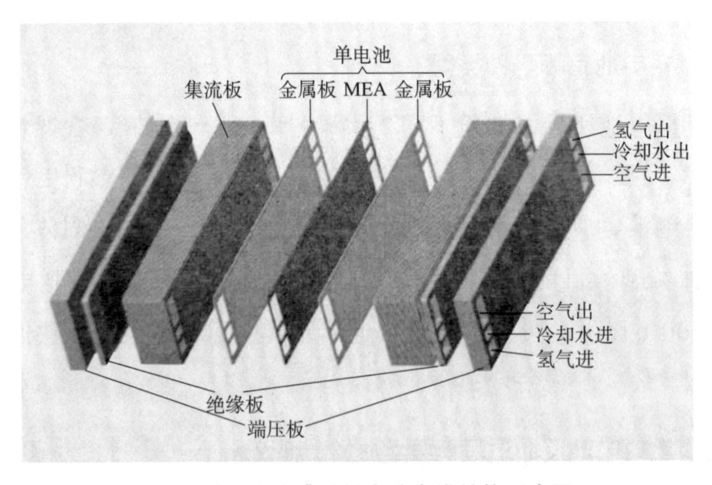

图4 质子交换膜燃料电池电堆结构示意图

476. 质子交换膜燃料电池的工作原理是什么?

答：如图5所示，质子交换膜燃料电池是以氢气为燃料，以空气或氧气为氧化剂，以全氟磺酸型质子交换膜为电解质，将氢气与氧化剂的化学能转化为电能。其发生的化学反应方程式如下。

阳极反应：$H_2 \longrightarrow 2H^+ + 2e^-$

阴极反应：$1/2O_2 + 2H^+ + 2e^- \longrightarrow H_2O$

总反应：$H_2 + 1/2O_2 \longrightarrow H_2O$

氢气在阳极发生氧化反应，失去电子形成氢离子，氢离子穿过质子交换膜到达阴极，电子经外电路定向流动迁移至阴极，氧气在阴极发生还原反应，得电子与氢离子反应生成水。

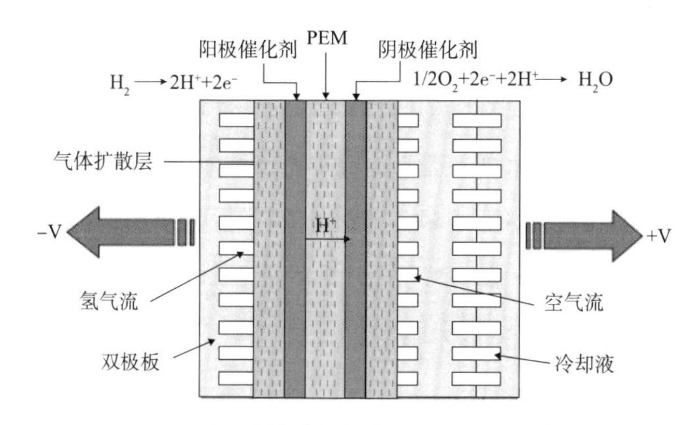

图5　质子交换膜燃料电池工作原理示意图

477. 氢燃料电池汽车是否可以加注工业用高纯氢作为燃料?

答：不可以。氢燃料电池对氢气中的杂质非常敏感，燃料电池用氢应符合《质子交换膜燃料电池汽车用燃料　氢气》（GB/T 37244—2018）的标准要求，该标准对氢气中各种杂质的含量进行了严格的限定。工业用高纯氢的氢气纯度虽然可以满足燃料电池用氢气纯度要求，但前者对总烃、总硫、甲醛、甲酸、氨、总卤化物、颗粒物浓度等参数都没有规定，若是其杂质含量超标，仍会对燃料电池的使用寿命造成严重影响，不符合燃料电池使用要求。

478. 为什么氢燃料电池汽车只能使用符合标准要求的氢气?

答：燃料电池用氢气的高品质要求主要是由燃料电池的内部结构决定的。反应气杂质对燃料电池的影响，多体现在催化剂活性和质子交换膜上，如CO、H_2S等，会对催化剂产生毒化作用，造成电池性能和使用寿命的下降。

479. 质子交换膜燃料电池用氢中的 H_2S 和 CO 含量超标时，对燃料电池有什么影响?

答：通常质子交换膜燃料电池阳极多使用Pt基贵金属催化剂，H_2S和CO在Pt表面有强吸附作用，当氢燃料中含有H_2S和CO时，H_2S和CO会优先占据Pt催化剂的活性位点，并能覆盖在其表面，随着其浓度的提高，其覆盖率增大，从而阻碍氢气的吸附和随后的电化学氧化过程，对燃料电池造成毒化作用，进而影响燃料电池的性能和使用寿命。

480. 当空气中 SO_2 含量过高时，是否会对燃料电池产生不良的影响?

答：质子交换膜燃料电池通常以环境空气中的氧作为氧化剂，而在燃料电池运行时，空气中存在的SO_2会进入燃料电池，占据阴极催化剂的活性位点，降低电化学反应活性面积，影响燃料电池的性能和耐久性。

481. NH_3 对燃料电池有什么影响?

答：当反应气中有NH_3进入燃料电池时，主要通过与质子结合生成NH_4^+，影响质子交换膜的质子传导，造成燃料电池性能和寿命的衰减。

482. 与传统能源车相比，氢燃料电池汽车有哪些优势?

答：与传统能源车相比，氢燃料电池汽车有以下优势。

（1）对环境友好，以纯氢为燃料时，产物只有水，可以实现零碳排放。

（2）效率更高，氢燃料电池发电无须经过热机的燃烧过程，可以直接将化学能转换为电能，不受卡诺循环效率的限制，理论上其热电转化效率可达85%~90%。

（3）可调节性强，氢燃料电池可以通过调节单电池的数目进行发电规模调节。

483. 燃料电池用高压氢气取样有哪些注意事项?

答：为获取具有代表性的氢气样品，须注意以下事项：首先，取样前应对采样装置和采样瓶进行吹扫置换，对取样系统进行检漏，避免杂质的引入；其次，高压氢气的采样装置和采样瓶均需经过特殊处理，防止氢气中的杂质气体吸附在取样瓶内，使样品失去代表性；最后，氢气传输可能会在氢气采样装置部件上产生静电，因此需通过接地的方式消除，并且操作人员应穿防静电服装。总之，高压氢气采样过程中要严格遵守相应的采样规范，在保证安全的情况下取到具有代表性的样品。

484. 什么是加氢站?

答：加氢站是指为氢能车辆，包括氢燃料电池车辆、氢气内燃机车辆或氢气混合燃料车辆等的车用储氢瓶充装氢燃料的固定的专门场所。

485. 加氢站有哪些类型?

答：按照建设方式，可把加氢站分为固定式加氢站和移动撬装式加氢站；按照供氢方式，可将加氢站分为站外供氢加氢站和站内制氢加氢站；按照储存状态又可分为液氢加氢站和高压气氢加氢站。

486. 加氢站的工作原理是什么?

答：由于储存技术的限制，目前的加氢站主要是高压压缩氢气加氢站，主要包括氢源、纯化系统、压缩系统、储氢系统、加注系统、安全及控制系统。通常，氢气加注是通过将不同来源的氢气经氢气纯化系统、压缩系统，然后储存在站内的储存系统（高压储罐），再通过氢气加注系统为燃料电池汽车加注氢气。

487. 加氢站的安全设计理念是什么?

答：加氢站的设计应严格遵循五层安全防范设计理念，五层设计理念之间的关系为层次递进。第一层：确保加氢站内氢气不泄漏。第二层：若加氢站内设备泄漏可及时检测到，并预防进一步泄漏扩散。第三层：加氢站即使发生泄漏，也不产生积聚。第四层：杜绝点火源。第五层：万一发生火灾也不会对周围产生影响或影响小。

488. 加氢机可以安放在地面上吗?

答：加氢机应安放在高度超过120mm的基座上，基座每个边缘离加氢机至少200mm，并且加氢机周围应设置防撞柱（栏），预防车辆撞击。

489. 加氢站内储气压力一般为多少?

答：目前国际上应用比较广泛的车载储氢瓶压力等级主要有35MPa和70MPa两种。加氢站的最高设计压力等级也需要与其加注车辆车载储氢瓶的压力等级相匹配，除了利用长管拖车作为20MPa移动储氢设施外，35MPa氢燃料电池车的加氢站内最高固定储氢压力一般为45MPa，70MPa氢燃料电池车的加氢站内最高固定储氢压力一般为90MPa。

490. 外供氢加氢站主要由哪些设备系统组成?

答：外供氢加氢站主要由卸气柱、压缩系统、顺序控制盘、储氢系统、加氢系统及氮气吹扫系统和仪表风系统等组成。卸气柱是连接加氢站内氢气长管拖车与氢气压缩机的工艺设备，主要用于将连接氢气长管拖车的软管内的空气吹扫置换成氢气，并将长管拖车内的氢气输送到氢气压缩机入口。氢气压缩机是用于将加氢站内氢气长管拖车内氢气或管道氢气增压至目标压力的设备。加氢机是给交通运输工具的储氢瓶充装氢气，并具有控制、计量、计价等功能的专用设备，其应满足《加氢站技术规范(2021年版)》(GB 50516—2010)、《加氢机》(GB/T 31138—2022)等的相关规定。

491. 氢气压缩机有哪几种?

答：氢气压缩机是加氢站中的核心设备之一，目前主要使用的压缩机有隔膜式压缩机、液驱式压缩机及离子液体压缩机。隔膜式压缩机通过电机拖动隔膜压缩机的带轮，带轮带动曲轴旋转，进而使活塞随着连杆做往复运动，活塞挤压液压油，液压油挤压金属膜片，从而使气体腔体积减小，实现膜腔中的氢气压缩。液驱式压缩机是通过电极驱动液压泵，为活塞提供动力，活塞在液体的推动下在气缸中前后移动，使气缸体积发生变化，实现气体吸气、压缩和排气的过程。离子液体压缩机价格比较昂贵，目前仍处于试验推广阶段。

492. 加注和卸氢时，顺序控制盘的工作原理是怎样的?

答：加氢站通常使用顺序控制盘分级优化加注方式，这样既可以提高氢气利用率，又能降低加氢站功耗。通常是将加氢站的储氢罐分为三组，即低级瓶组、中级瓶组和高级瓶组。通过程序设计，在加注时加氢机将按从低到高的顺序从储氢罐中取气。在通过长管拖车向加氢站卸氢时，则是按从高到低的顺序向储氢罐中充装氢气。

493. 顺序控制盘的作用是什么?

答：顺序控制盘主要是用于给氢气储存压力容器、储氢瓶组按顺序分级充装或用于给加氢机按顺序分级取气，所有分级充装或分级取气都通过可编程逻辑控制装置（PLC）控制。

494. 外供氢加氢站的工艺流程是什么?

答：氢气通过长管拖车输送至加氢站内，与卸气柱相连，通过卸气柱将氢气从管束车内卸载并输送至压缩机，经压缩机压缩后储存至储氢瓶组。当车辆加氢时，加氢机从储氢瓶组取气，充装至车载储氢瓶中。

495. 为什么在给车辆加注氢气时会产生温升现象?

答：通过加氢枪给燃料电池汽车加注氢气时产生的温升现象与氢气的焦耳-汤姆孙效应有关。焦耳-汤姆孙效应是指在等焓条件下，当气流被强制通过一个多孔塞、小缝隙或小管口时，由于体积膨胀造成压力降低，从而导致温度发生变化的现象。室温常压下的多数气体，经节流膨胀后温度下降产生制冷效应，而氢气经节流膨胀后温度升高产生温升效应。

496. 在加注氢气时，如何控制温升不超过规定要求?

答：可以在加注前对氢气进行预冷降温处理并控制氢气加注的流量或压力上升速率，从而保证氢气在加注过程中的温度不超过气瓶规定的使用温度。

497. 加氢站负责加氢的工作人员只要学会卸氢、加氢作业流程，就可以开展相应工作吗?

答：不可以。加气员须取得气瓶作业证（P证）后，才可以进行氢气充装作业。加氢站的卸车员须取得R2证，即压力容器作业证，才可以进行卸车作业，并且只取得R2证的卸车员不可以进行加氢作业。

498. 出现哪些情况时，加氢站不得进行充装？

答：出现以下情况时，加氢站不得进行充装。

（1）加氢车辆无有效的储氢瓶特种设备登记证。

（2）车辆牌号、车载储氢瓶编号和特种设备登记证三者不一致。

（3）超过检验期限或规定使用年限的储氢瓶。

（4）无规定的使用标识或用户自行改装的储氢瓶。

（5）储氢组附件不全、损坏或不符合规定。

（6）储氢瓶、阀门、管线等装置连接有松动、固定不可靠或有泄漏迹象。

（7）储氢瓶内压力小于2MPa或瓶内介质不明。

（8）经外观检查，存在明显凹陷变形损伤，需进一步进行检查的储氢瓶或车辆自检系统有故障的车辆。

（9）车辆未熄火，驾驶员与乘客未下车。

（10）其他不符合储氢瓶充装安全要求的情况。

499. 国际氢能标准化组织主要有哪些？

答：参与氢能标准规范制定的国际组织主要有国际标准化组织（ISO）和国际电工委员会（IEC），ISO技术委员会中负责氢能技术领域标准制定的是ISO/TC197。

500. 我国氢能标准制定机构有哪些？

答：我国氢能相关标准化组织有全国氢能标准化技术委员会（SAC/TC309）、全国汽车标准化技术委员会电动车辆分技术委员会（SAC/TC114/SC27）、全国燃料电池及液流电池标准化技术委员会（SAC/TC342）、全国气瓶标准化技术委员会车用高压燃料气瓶分技术委员会（SAC/TC31/SC8）。

501. 我国制定了哪些与加氢站相关的国家标准？

答：目前国家主要制定了《氢气站设计规范》（GB 50177—2005）、《加氢站技术规范（2021年版）》（GB 50516—2010）、《汽车加油加气加氢站技术标准》(GB 50156—2021)、《压缩氢气车辆加注连接装置》(GB/T 30718—2014)、《液氢车辆燃料加注系统接口》(GB/T 30719—2014)、《加氢机》(GB/T 31138—2022)、《移动式加氢设施安全技术规范》(GB/T 31139—2014)、《加氢站用储氢装置安全技术要求》(GB/T 34583—2017)、《加氢站安全技术规范》(GB/T 34584—2017)、《燃料电池电动汽车　加氢枪》(GB/T 34425—2023)等标准。

502. 车用燃料氢都对哪些指标有要求?

答:《质子交换膜燃料电池汽车用燃料　氢气》(GB/T 37244—2018)规定了PEMFC汽车用燃料氢气的15项技术指标，包括氢气纯度、非氢气体总量及水(H_2O)、总烃(按甲烷计)、氧、氦、总氮和氩、二氧化碳、一氧化碳、总硫(按H_2S计)、甲醛、甲酸、氨、总卤化物、最大颗粒物等杂质的最大浓度。

503. 目前我国车用液氢采用什么产品标准?

答：2021年4月30日国家市场监督管理总局发布了《氢能汽车用燃料　液氢》(GB/T 40045—2021)，并自2021年11月1日起开始实施，此项标准规定了氢能汽车用燃料液氢的技术指标、试验方法，以及包装、标志、贮存及运输的要求，适用于贮罐贮存、管道或罐车输送的质子交换膜燃料电池汽车用燃料液氢。

504. 车用液氢标准与气氢标准在技术指标上有何区别?

答：与《质子交换膜燃料电池汽车用燃料　氢气》(GB/T 37244—2018)相比,《氢能汽车用燃料　液氢》(GB/T 40045—2021)还增加了仲氢含量(体积分数)的技术指标，这是由于液氢的储存容器中若存在过量的正氢，在储存过程中，正氢会慢慢转化为仲氢并放出热量，造成大量的蒸发损失，因此对该项指标进行了规定。

505. 目前国内外有燃料电池用高压氢气取样标准吗?

答：目前国外已颁布了高压氢的取样标准，如美国的ASTM D7606(*Standard Practice for Sampling of High Pressure Hydrogen and Related Fuel Cell Feed Gases*)，该标准对适用范围、取样设备、采样步骤等内容进行了相应的要

求。国内尚未颁布关于加氢站高压氢气采样规范的国家标准。个别省市和团体颁布了相应的地方标准和团体标准，例如，山东省市场监督管理局2021年发布了《加氢站氢气取样安全技术规范》（DB37/T 4449—2021）地方标准，中国节能协会2022年发布了《质子交换膜燃料电池用氢气采样规范》（T/CECA-G 0186—2022）团体标准。

第三篇

质量管理

第一章　油库相关知识

506. 油库是如何分类的?

答：按照运输方式，油库分为水运油库、陆运油库和水陆联运油库。按照石油产品性质，油库分为原油油库、成品油油库。后者包括轻油、润滑油、重油油库，综合油库。

507. 油库按照库容量是如何划分等级的?

答：根据《石油库设计规范》(GB 50074—2014)，油库按照总容量(TV，m^3)可分为6个等级，具体如表10所示：

表10　油库等级划分

等级	TV/m^3
特级	$1200000 \leqslant TV \leqslant 3600000$
一级	$100000 \leqslant TV < 1200000$
二级	$30000 \leqslant TV < 100000$
三级	$10000 \leqslant TV < 30000$
四级	$1000 \leqslant TV < 10000$
五级	$TV < 1000$

508. 油库的主要功能有哪些?

答：油库的主要功能如下：

(1)油田的油库主要用于储存和中转原油；

(2)销售企业的油库主要用于供应流通消费领域；

(3)炼油企业的油库主要用于储存半成品、中间产品、成品油或化工品，保证正常生产；

(4)储备部门的油库主要用于战略或市场储备。

509. 油罐按照形状和结构特征可分为哪几类？

答：共分为三类，分别为立式罐、卧式罐和球罐，其中立式罐又分为拱顶罐、外浮顶罐和内浮顶罐。

510. 为什么要使用石油液体管线自动取样？

答：自动连续的取样既可避免因工况及油质不均匀等客观因素造成的样品代表性差的问题，又可自动消除人为因素，减少人工劳动和取样纠纷。

511. 石油液体管线取样的分类是什么？

答：管线取样分为流量比例样和时间比例样两种。推荐使用流量比例样，因为它和管线内的流量成比例。而时间比例样只能在流速恒定下使用。

512. 保证管线取样样品的代表性必须遵循的原则是什么？

答：保证管线取样样品的代表性应遵循以下四个原则：

（1）管线中所取样品的组成应与取样位置和取样时间内整个管线横截面上的油品平均组成相同。

（2）在输送油品期间，应保持油样的代表性。无论采用间歇取样还是连续取样，取样速率都应与管内流量成正比。

（3）样品应始终保持与取样位置相同的状况，不得出现液体、固体或气体的损耗，不能被污染。

（4）在将样品分成数个子样的过程中，应确保每个子样与原样具有完全相同的组成。

513. 自动取样设备包括哪些主要部件？

答：自动取样设备主要包括以下部件。

（1）取样装置——取样探头、循环泵、控制阀门；

（2）控制设备——单片机、控制程序；

（3）流量测量——流量表；

（4）样品接收器——固定容积的接收器或可变容积的接收器。

514. 输油管线按时间和流量取样有哪些规定？

答：对于均匀液体采用合适的管线取样设备可进行均匀液体的取样。在抽取样品前，首先用被取样的产品冲洗样品管线和阀门的连接部分，再将样品抽入样品容器。管线内液体的压力可能较大，应采取特殊的预防措施并安装必要的设备。在每个取样点的管线上，建议安装在线压力计，以便在取样前能读出管线内的压力。清晰标注管线的运行状态，并应实时更新其发生的任何改变。输油管线按流量取样和按时间取样的要求，分别如表11和表12所示。

表 11　输油管线按流量取样要求

输油数量 /m^3	取样规定	备注
<1000	在输油开始和结束时各一次	开始：罐内油品流到取样口时，结束：停止输油前10分钟
1000~10000	在输油开始时一次，以后每隔 1000m^3 一次	
>10000	在输油开始时一次，以后每隔 2000m^3 一次	

表 12　输油管线按时间取样要求

输油时间 / 小时	取样规定	备注
<1	在输油开始和结束时各一次	开始：罐内油品流到取样口时，结束：停止输油前10分钟
1~2	在输油开始时一次，中间和结束时各一次	
2~24	在输油开始时一次，以后每隔 1 小时一次	
>24	在输油开始时一次，以后每隔 2 小时一次	

515. 油品长输管线不间断计量过程中按时间比例取样要求是什么？

答：油品长输管线不间断计量过程中按时间比例取样要求如下。

（1）在取样前要彻底冲洗取样管线，确保除去管线中以前的存留物；

（2）取样期间，样品管线出口应伸到样品容器底附近；

（3）取样操作时应戴上防护手套，开阀时操作要缓慢，防止油品飞溅，必要时应戴上护目镜或面罩；

（4）样品容器中应保留5%用于膨胀的无油空间；

（5）盛装样品后立即封闭容器，检验其是否渗漏并贴上标签。标签应至少包括取样地点、取样时间、取样者、被取样油品名称。

516. 油库中的混油情况有哪些?

答：混油的情况比较复杂，有的是不同品种，不同牌号的油相混；有的是含添加剂与不含添加剂的油相混；有的是质量不同的油相混。混油多发生在收发作业过程中，如阀门开错或关闭不严、接收油品的品种牌号弄错、管线余油质量差异较大等。油品在储存中，连通油罐之间的管线由于阀门不严易导致混油。

517. 管道运输的优缺点有什么?

答：管道运输的优点有：运输量大，运费低、能耗少、损耗低，较安全可靠、受气候环境影响小、对环境污染小，占地面积少。

存在的缺点有：单向、定点运输，不灵活；经济性受运输量影响，设计值与实际有差距；有极限量的限制，泵性能、管道强度、安全温度等限制输油量。

518. 什么是成品油管道顺序输送?

答：目前世界范围内广泛采用在一条成品油管线内顺序输送的方式运输成品油。所谓顺序输送是指在同一条管线内按照一定的顺序连续地输送几种油品的运输方式。

519. 成品油管道顺序输送的特点是什么?

答：与输送单一油品的管道相比，多种油品的顺序输送具有以下特点：

(1)顺序输送的油品大多是成品油，是直接进入市场的终端产品，所以对油品质量和沿途的分输量有比较严格的要求。

(2)由于需周期性地变化输油品种，故顺序输送油品的管道需在起终点建造更多的油罐，用来调节供油、输油和用油之间的不平衡。

(3)顺序输送必然会产生混油，混油段的跟踪和混油量的控制是顺序输送管道的关键技术。

(4)大型的油品顺序输送系统多数是面向多个炼厂和多个用户，管网具有分支多、出口多、入口多，输送油品品种多，批量大小不一等特点，因此多种油品的顺序输送系统对输油计划和调度的要求比较高。

（5）当多种油品在管道内输送时，随着不同油品在管道内运行长度和位置的变化，管道的工艺运行参数也在发生缓慢变化。

520. 油品储运过程中质量变化有哪些，影响因素是什么？

答：油品在储存过程中可能会引入水分和机械杂质、颜色变深、出现乳化絮状物、沉淀物、微生物等质量变化。

储存时间、储存温度、水分、机械杂质、阳光和接触空气、金属等因素对油品质量都会造成影响。

（1）油品储存期越长，越易变质；温度越高，氧化变质越快。

（2）水分的影响。水分能对汽油的氧化起催化促进作用，同时能溶解汽油中的抗氧防胶添加剂，使结胶速度大为加快。

（3）阳光中的紫外线对汽油的生胶反应有催化作用。

（4）空气的影响。油品储存过程中，其液面要以最小的面积接触空气，而其上面的空气避免流动、升温、更换，否则都将促进油品的氧化生胶和蒸发损失。

（5）金属的影响。金属对氧化起促进作用，特别是会破坏油品中的抗氧化剂的作用，其中铜影响较大。

（6）机械杂质的影响。是指油品中所有不溶于油和规定溶剂的沉淀或固态悬浮物质。油品中的机械杂质会堵塞油路，促进生胶或腐蚀。

（7）微生物的影响。微生物在油水界面上繁殖有的能产生有机酸，有的能将燃料中的硫化物转化为硫化氢等活性硫化物，腐蚀容器。

521. 在储运过程中，如何避免油品质量变化？

油品储存中要避免混入水分、避光、减少与空气接触，选择适当的容器和储存温度，避免接触金属特别是活泼金属，并尽可能缩短储存时间，才能保证油品质量不发生变化。

522. 在油库中，引起燃料蒸发损失的“大呼吸”和“小呼吸”分别是什么意思？

答：“大呼吸”是指注油时燃料蒸气的大量逸出和卸油时新鲜空气的大量进入。

“小呼吸”是指储油容器内的蒸气由于昼夜温差而引起周期性的膨胀和收缩，膨胀时含油蒸气逸出，收缩时进入新鲜空气，昼夜温差越大，小呼吸损失也越大。

523. 从储存条件来看，对油品蒸发损失影响较大的因素有哪些?

答：从储存条件来看，对油品蒸发损失影响较大的因素如下。

（1）温度和温差。温度越高，蒸发越快；昼夜温差越大“小呼吸”就越频繁，呼吸程度越深，相应地，蒸发损失也越大。

（2）表面积。燃料表面积越大，蒸发越快，蒸发损失越大。

（3）液面空间。燃料液面空间越大，充满空间需要的油蒸气越多，蒸发损失越大。

（4）收发油次数。收发作业越频繁，“大呼吸”次数越多，排出的油蒸气越多，蒸发损失越大。

524. 油品蒸发的危害有哪些?

答：油品蒸发有以下危害。

（1）油蒸气威胁安全。油蒸气与空气混合后可形成爆炸性混合物，且其密度大于空气，易于在低温和不通风的地方积聚。当油蒸气浓度到达爆炸极限时，遇明火会引起爆炸。

（2）油蒸气污染大气。油蒸气是气相烃类，属于有毒物质。飘浮于地面之上，会使人窒息。油蒸气不仅是直接危害人体健康的一次污染物，而且还是形成光化学烟雾的二次污染物。

（3）降低油品质量。随着油品轻组分的蒸发损失，汽化性能变差，使用性能也变差。

第二章　加油站知识

525. 什么是综合加能站?

答：综合加能站，相对于传统加油站而言，除加油外，还能提供加气、加氢、充电、换电等多种车用能源补给，另外还提供汽服、餐饮、便利店等多业态服务。综合加能站可加快推进能源转型和产业升级，助力绿色交通。

526. 谁是加油站质量管理第一责任人，如何在进、运、储、销环节对油品进行质量管理?

答：加油站经理作为加油站质量管理第一责任人，应做好如下质量管理。

（1）进货统一配置，禁止擅自外采、代销、代储和调和油品，严禁擅自在罐存油品中加入任何添加剂。

（2）销售的汽油、柴油未实行“专车（舱）专用”配送的，加油站应拒收，立即上报。

（3）接卸油品时，按照卸油作业流程，进行卸油作业，卸油前做好来油信息核对，进行外观和气味等质量验收。

（4）在销售和储存过程要采取有效措施，进行质量控制，实现质量稳定。

（5）油品售后时刻关注客户用油反响，出现异常，立即上报，必要时启动应急处置预案。

527. 为什么部分加油站卸完油还不能马上加油?

答：因为在卸油过程中，油品的流动产生很大的冲击力，导致罐底的沉积物颗粒悬浮于油中。如果此时加油站未加装防水除杂滤芯即马上加油，则颗粒物也会随之加入。虽然加油机内有滤芯器的过滤保护，但若稳油时间不够，长期也会导致滤芯堵死，造成出油慢；再有容易将部分油品中的悬浮微小颗粒物一起加入客户的油箱，影响油品使用。为了确保油品质量，加油站在卸油后要有一定的稳油时间。

528. 现在加油站里怎么没有明显汽油味了?

答：汽柴油具有挥发性，加油站在接卸和加油过程中会有一定气味。目前加油站开展油气回收作业，通过设备改造将挥发出来的油蒸气收集起来，再通过吸收、吸附或冷凝等工艺，使油气从气态转变为液态，重新变为油品，这样做不但提高了加油站的安全系数，更有利于环境保护。

529. 加注油品时，加油站如何确保油品清洁?

答：加油站进行油品加注时，应观测加油枪流速，当加油枪流速下降25%到30%时，应及时清洗滤网；当清洗滤网后不能达到规定流速的90%时，应及时更换滤网；当油罐的清洁度影响油品质量时应及时清罐。

530. 加油站卸油连通胶管具有哪些特点和用途?

答：加油站卸油连通胶管具有导静电、耐油的特点，连通胶管是用来连接卸油口与油罐车输送油品。

531. 加油站油罐对水含量有何要求?

答：加油站醇类汽油油罐严禁有水，当加油站油罐内水高超过50mm时，应及时排水，防止水杂随油发出。

532. 加油站对卸油操作有何要求?

答：加油站卸油操作应按照《地罐交接卸油“八步法”操作流程》和《罐车交接卸油“十步法”操作流程》要求，逐步确认，现场做好卸油记录，填写“加油站进油核对单”，出现异常情况及时上报。

533. 加油站卸油时如何进行质量验收?

答：加油站接卸人员应使用底部取样器，抽取油罐车底部油样，检查油品颜色、水杂、清澈度、气味等质量状况。

534. 加注车用乙醇汽油的加油机有什么特殊要求?

答：加油机流量计中的皮碗、阀柱、垫圈等部件应为耐醇的配件。

535. 车用乙醇汽油在储运过程中需要注意哪些事项?

答：车用乙醇汽油在储运过程中需注意以下事项。

（1）接卸、输转、储存变性燃料乙醇、组分油和车用乙醇汽油，必须做到专泵、专管、专罐专用；车用乙醇汽油调和组分油储罐禁止垫水，同时油罐呼吸阀应加装干燥器。

（2）严格按照质量管理规定对变性燃料乙醇、组分油进行入库、入罐检验和周期检验，对车用乙醇汽油进行出库检验。

（3）乙醇汽油的储运周期内要注意控制水的含量，而且在加油站的储运周期越短越好。

（4）加油站必须采取有效措施，严禁车用乙醇汽油油罐混入水分，整个罐体和管线容易进水的地方，如人孔、量油孔、卸油快速接头、管线法兰等处要密封严实，每次卸油后，均应盖紧油罐卸油口。

（5）每天应测定罐中水位，不得有水。油罐接卸油品后的初始加油或雨、雪天加油时，应随时注意检查发出油品的外观质量和罐底油品质量、水分，发现问题及时上报处理。

（6）车用乙醇汽油储罐的通气管上干燥剂要每日检查一次，发现失效及时更换。

536. 加油站在销售油品时，应避免质量销售事故，什么是质量销售事故?

答：质量销售事故是指油品在销售环节发生的质量事故，影响消费者的使用，给顾客造成经济损失。

537. 客户投诉处理的目的和总体原则是什么?

答：客户投诉处理旨在提高全销售系统规范化管理水平，建立完善的客户投诉快速反应机制，提升客户满意度和品牌影响力。以“信誉第一、顾客至上”为服务宗旨，按照“即时受理、分级管理、分工负责、立即调查、迅速处理、及时反馈、全面整改”原则，努力提高客户投诉的应急响应处置能力。

538. 加油站接到现场投诉的一般处理流程是什么?

答：加油站员工接到客户投诉，快速反应，稳定客户，妥善处理。首先，第一时间将情况提报站长，站长负责调查核实，并向上级机关汇报。其次，悉心听取投诉原因和要求，耐心解释，做好接待工作，适当安抚和解释，做好记录。再次，责任部门负责调查、处理。数质量类投诉，数质量部门负责调查投诉原因，进行相关处理。最后，投诉受理后，加油站主管部门负责与客户沟通协商，负责现场处理，并做好舆情监控。

539. 天然气储运管理的注意事项有哪些?

答：天然气储存、运输等环节容器设备清洁，防止天然气污染。CNG储气井（储气瓶组）、管束车、过滤器等做好排污、清洗工作。

540. 客户投诉受理需记录哪些内容?

答：至少应包含并记录接投诉日期，客户姓名、性别、联系方式等个人信息，涉投诉加油站名，油品种类牌号、数量，经办人及交办人，投诉类型，客户要求，先期核实情况。投诉内容需包括车辆基本信息，车况，加油前后状况，加油后行驶里程，车辆异常现象，维修或更换零件情况。受理的投诉还应包括记录处理过程，领导批示，分管部门处理意见，分公司客户回访，是否大面积投诉，客户满意度等内容。

541. 常见投诉类型有哪些? 由哪些部门牵头负责?

答：服务类。由加油站或分公司（片区）负责组织调查处理。问题复杂或出现事态扩大迹象的，需上报零售部门和分管领导，由地市级分公司指导或直接参与解决。

经营类。根据涉及的业务类型，由零售部门牵头，相关部门参与，对投诉情况进行调查处理；重大问题由省级石油公司零售部门牵头，相关部门参与进行调查处理。

数质量类。针对加油站的数质量投诉，加油站和分公司（片区）重点负责客户安抚和现场相关情况调查，数质量部门重点负责油品检测和加油机检查。对涉及质量的投诉，要检测客户油箱内和油罐油品质量以便全面分析掌握情况。重大问题由省级石油公司数质量部门牵头，相关部门参与进行调查处理。

542. 对于被投诉油品取样送检，需注意什么?

答：一般由涉投诉的加油枪取样，必要时取加油站罐样或相应留样进行检测，如检测无异常，应向客户耐心解释；同时站长或分公司（片区）负责人要立即上报。送检油样必须由数质量部门亲自取样，或由数质量部门安排加油站以外相关管理人员取样并送检。质检室应在12小时内完成相关常规必要项目的检测，24小时内完成所有项目的检测，并将检验结果及时反馈数质量部门负责人。不接受客户自行取样送样，或将油箱内剩余油样自行外送检测所获得的检验报告作为投诉依据。

543. 加油站、油库因油品引起环境污染的途径有哪些?

答：加油站、油库因油品引起环境污染的途径主要包括以下几个方面。首先，加油站、油库油品在卸油、加油、存放等过程中会有一部分油气蒸发损耗，挥发到空气中，形成大气污染。其次，油罐、输油管线等可能会存在“跑、冒、滴、漏”的情况，造成油品泄漏，渗入地下，导致土壤污染和地下水污染。最后，加油站、油库可能会存在一定的“滴、漏”情况，在雨水及日常清扫作用下，相关污染物质会进入水循环系统中引起一定的地表水污染。

544. 加油站、油库防治油品污染环境的措施有哪些?

答：加油站、油库防治油品污染环境的措施主要包括以下几个方面。

（1）设置油气回收系统，降低蒸发污染。

由于油品蒸发损耗散入空气中会引起大气污染，对此可通过油气回收系统的设置与利用，将蒸发与损耗的油气进行回收与再利用，既避免了油气污染环境，也减少了浪费。油气回收系统可以分为一次油气回收系统和二次油气回收系统，分别针对卸油过程和加油过程的油气回收。

（2）建设防渗罐池，改善渗漏问题。

地下水及土壤的污染主要是由于罐体或管道被腐蚀泄漏，对此除了采用新型耐腐蚀罐体、双层罐体结构等方法来应对，还可通过设置防渗灌池，隔绝罐体与土壤的直接接触，避免渗漏情况对土壤及地下水的状态形成影响。防渗罐池主要设置在储油罐，起到二次防渗的作用。

（3）设置环保排水沟，处置含油污水。

加油站、油库的含油污水的存在会对地表水系统形成一定的污染，针对这一问题，可以通过设置环保排水沟的方法来对含油污水的排放进行引导，以解决其对环境的污染问题。

（4）提高环保意识，加强日常管理。

加油站、油库的员工是进行加油、卸油等作业的主体人员，在正常的经营活动中，应当提高环保意识，加强日常管理，使员工能够自觉进行规范化操作，最大限度避免油品泄漏情况，坚决杜绝油箱溢油等事故的发生。在接油的时候，也要做好准备，全程监护，避免出现意外泄漏事故。加油站、油库内相关设施要及时维护与保养，以确保在紧急情况下这些设施能顺利发挥出应有的作用。

第三章　取样相关知识

545. 什么是试样？常见的样品种类有哪些？

答：试样：向给定试验方法提供所需要的产品的代表性部分。

点样：在罐内规定位置或按规定时间从管线液流中采集的样品。

撇取样（表面样）：从液体表面采取的样品。

顶部样：从顶部液面下150mm位置获得的点样。

上部样：在顶部液面下1/6液深位置采集的点样。

中部样：在液面下1/2液深位置采集的点样。

下部样：在液面下5/6液深位置采集的点样。

抽吸液位样（出口液面样）：从液态烃泵出油罐的最低液位采集的样品。

底部样：从油罐或容器的底部或靠近底部的产品中采集的点样。

全层样：取样器仅沿一个方向通过除游离水以外的整个液体高度，其间通过累积液样所获得的样品。

组合样：为获得散装油品具有代表性的样品，按确定比例组合一定数目的点样所获得的样品。

例行样：取样器沿两个方向通过除游离水以外的整个液体高度，其间通过累积液样所获得的样品。

区间样：将区间取样器放入油罐内某一位置，在液体完全注满后，封闭取样器，此时在取样器总高度内聚集的在液柱部分采集的样品。

流量比例样：输送液体石油产品期间，在其通过取样器的流速与管线中的流速成比例下任何瞬间从管线中采取的试样。

时间比例样：输送液体石油产品期间，定期从管线中采取的多个相等增量合并而成的试样。

546. 如何取得点样?

答：站在上风口，保持取样导线牢固接地，打开计量孔（检尺口）盖，小心降落不盖塞子的取样器，直到其颈部刚刚高于液体表面，再迅速将取样器降到液面下点样要求位置，当气泡停止冒出表示取样器充满时，将其提出。打开试样容器，向其倒入油样冲洗至少一次，倒入废油桶中；再向其倒入取得的油样作为试样，即为点样。

547. 如何取得区间样?

答：将区间取样器（具有必要的打满孔的顶部和底部阀门，当放下取样器时，罐内液体可流过取样器）按可控方式放下，直到其位于需要的液体深度。一旦停止下降，阀门就会立即关闭提出样品。小心转移所有样品到样品接收器。当区间取样器的设计无法满足下降期间液体满截面流过取样器时，建议在关闭阀门之前，将取样器在取样位置升降两次或三次，升降距离应至少为取样器的高度。当气泡终止指示样品充满时，提出取样器，按普通点样进行后续操作。

548. 如何采取和制备组合样?

答：通过单个油罐内获得的具有代表性的点样的子样（如组合来自上、中、下三位置点样的子样）可制备组合样，也可通过组合代表各油罐的子样，为源于它们的大宗油品制备组合样（如装有相同产品的若干条船）。组合样应包括未分样的初始取样装置内采集的所有物质。

为使初始取样装置的内容物全部加到运输容器中其他子样的体积中，应选择初始取样装置采集的样品量。当组合样品的子样量小于一个子样的总量时，样品组合应只在可确保子样能充分混合与计量的实验室中进行。

为制备各种组合样，将代表各样品的子样转移到组合样品的容器内，然后把它们慢慢地混合在一起。子样应按照它们各自代表的数量进行体积加权。当需要组合的子样源于非均匀截面积的油罐（或来自多个油罐）时，组合操作需要对子样进行精心的计算和计量，以保持样品的代表性。这些操作应在可控的实验室条件下进行。

轻组分的蒸发及水/沉淀物在初始取样器上的挂壁可影响组合样的代表性。

除非有特别要求且获得相关各方同意，否则不制备用于试验的组合样。作为物理组合的替代方法，可分别检验各个点样，按每个样品代表的数量计算各试验结果的平均值。

549. 底部取样应当如何进行?

答：采底部样时，放下底部取样器，直到其垂直静止于罐底之上，阀门随之打开，液体注入取样器内。在提出取样器后，严格检查其渗漏情况。如发现渗漏，应放弃这个样品，清洗底部取样器并再次取样。如有必要，可将初始底部取样器的内容物转移到其他样品容器，但应确保彻底转移所有样品，包括可能黏附在取样器内壁上的水或固体物质。

550. 如何进行罐侧取样?

答：这种方法一般不是油品交接和库存管理中使用的最好方法，只有在没有其他取样方法可用时才会使用。取样点的阀门应具有12.5mm的最小直径，且应按规定间隔安装在油罐的侧面，其连接管应深入罐内至少150mm，但不能安装连接管的浮顶罐除外。下部连接管与抽油管底部应位于同一高度。在采样前，用被取样的产品冲洗阀门连接管，随后将样品采入容器或接收器。

在带压情况下取样时，应小心打开阀门。若阀门连接管堵塞，不得从开启的阀门处使用通条进行疏通。如果油罐配备了三个连接管，而罐内液体又未达到上部或中部样品连接管，则应按如下要求采集样品：

（1）液位在中部和上部样品连接管之间，且更接近上部连接管时，应从中部连接管取2/3的样品，从下部连接管取1/3的样品；

（2）液位在中部和上部样品连接管之间，且更接近中部连接管时，应从中部连接管取1/2的样品，从下部连接管取1/2的样品。当液位低于中部样品连接管时，应从下部连接管取所有样品。

551. 全层样有哪些类型? 如何获得全层样?

答：全层取样器包括“由顶向下”和“由底向上”两种类型。样品接收器沿一个方向通过罐内液体时充入样品，但“由顶向下”和“由底向上”取样器的操作方法不同。为通过配备加重取样笼的瓶子（或配重取样桶）获得（由底向上）全层样，应进行如下操作。盖上瓶或桶的塞子，将其放至罐底（避开底部游离水）。急拉绳子，打开瓶塞，按一致的速度在没有停顿的情况下，提升取样器返回至液体表面。当从液体中提升取样器时，选择其移动速度，使瓶或桶注满到80%，但不超过90%。立即盖紧瓶塞，或小心将全部样品从配重取样桶转移到其他运载容器。当从液体中收回固定容积的全层取样器时，如果充满不到90%，则可假定取样器在通过罐内液体期间，油品从所有深度流入了取样器。当从液体中收回取样器时，如果取样器充满至90%以上，则样品可能不具代表性，应废弃所取样品，并用更快的提升速度再次取样。

552. 如何采得例行样？

答：使用固定容积例行取样器一般不是贸易交接和生产库存中最好的取样方法，这种装置不可能按一致的速度注入样品。此外，操作者难于按均衡充样所需要的速度放下或提升取样器，该速度与浸没深度的平方根近似成比例。为通过一个配备加重取样笼的瓶子（或配重取样桶）获得例行样，应进行如下操作，其中必要时，应为其配备一合适的装置来限制充样速度。下放取样器和提起取样器速度要一致，在改变方向时不得停顿。选择充油限制孔的尺寸和/或提升和放下的速度，使瓶或桶从液体中取出时，充满到大约80%，但不超过90%。立即盖紧瓶塞，或者将全部样品小心地从配重取样桶转移到其他运载容器。

对某些例行取样器，应按液体的深度和黏度调节充油限制孔的大小，再按操作要求采集例行样。当固定容积的例行取样器从液体中收回时，如果充满不到90%，则可假定取样器在通过罐内液体期间，油品从所有深度流入了取样器。如果取样器从液体中收回时，取样器充满至90%以上，则样品可能没有代表性，应废弃所取样品，并使用更小的限油孔和/或更快的提升和下放速度再次取样。在例行取样器的操作期间，应注意油罐底部是否存在游离水。这种样品内通常不应含有游离水，但游离水的数量可通过检尺或界面取样器的底部取样专门确定。

553. 常用取样工具有哪些？

答：常用取样工具包括取样笼、取样绳、导管、试样容器及标签、废油桶、防爆手电筒、个人防护用品等。

（1）取样绳。取样绳是方便将取样器下沉到指定位置采集样品并上提到液面以上的工具，通常配合标尺以方便查看下沉的深度。取样绳多采用不易产生静电的绳子，不应使用合成纤维材质的绳子。

（2）取样笼。取样笼是一种金属或塑料材质的固定架，它可以使样品瓶固定在其上，方便直接用样品瓶取样以减少轻组分的挥发和损失。

（3）导管。导管的用途多种多样，既可代替区间取样器完成对液芯的取样，也可利用虹吸原理从指定的位置直接采集样品到样品瓶。

554. 取样一般步骤有哪些?

取样一般步骤包括：联系取样部门，确定取样地点、数量等事宜，准备取样用品，穿戴防护用品，采取点样、混合样等所需样品，整理取样绳、取样器等配件，按要求转运、封存试样。

555. 取样工具的选取和使用有何注意事项?

答：（1）取样器。

应当选择符合国家标准的、不易产生静电的取样器，并通过相容性试验、试漏试验和其他必要的试验。如有可能涉及带压取样的情况，还应当通过压力试验和其他必要的压力容器的检查工作，并定期复检。

取样器的材质尽可能选用铜质，因为当使用铁质材料时，遇水或酸性物质易发生腐蚀，而对于铝、镁、钛等材料，它们在与其他金属材料（尤其是有锈蚀的钢）碰撞时，可能产生刺激性火花，从而产生危险。

取样器应当每使用一次就彻底清洗一次，以保证不与下一次取样混合，除非已经确定重复使用可以保证样品仍然具有代表性。

（2）辅助工具。

取样绳应当按照相关要求和需要进行选择。而为了方便操作人员工作，应当配备一只能够盛放取样器、辅助工具、样品瓶等并带有提手的箱子或其他合适的容器，以方便操作人员腾出一只手抓住护栏、扶手等确保安全。

如果需要照明，则应选择符合防爆级别的照明灯或手电筒，还应当足够明亮以使操作人员看清楚需要照明的部位。另外还需要合适的辅助设施以方便操作人员在两手都占用时照明灯或手电筒仍能正常工作并照亮相应的区域。

如果可能，在转移样品瓶至实验室时应当减少颠簸，避免由于液体间激烈碰撞产生气体冲开瓶塞或对瓶盖造成伤害。并且为了防止这样的事情发生，样品瓶不宜装满，至少要留出5%的空间。

556. 取样器如何分类?

定了采样部位，还需要合适的采样器具才能实施采样，而为了满足不同的采样需求，也开发了许多种类的采样器具，按照通行的分类方法，分为四大类，分别是：按储运形式分，按操作方法分，按样品类型分和按取样器材质分。

557. 按储运形式分，采样器有哪几种，它们的特点分别是什么?

答：按储运形式采样器可分为三种，特点如表13所示。

表13　按储运形式分类的采样器特点

采样器名称	说明
油罐取样器	适用于在储罐、罐车、釜、（船）舱、槽中进行采样
桶听取样器	适用于在桶、盒、箱、瓶、听、罐中进行采样
管线取样器	适用于在连续流动的管道中进行采样

558. 按操作方法分，采样器有哪几种，它们的特点分别是什么?

答：按操作方法采样器可分为三种，特点如表14所示。

表14　按操作方法分类的采样器特点

采样器名称	说明
开口取样器	适用于在液体与大气连通的位置或可通过人孔门、计量口、检尺口等进行采样的部位
受限取样器	适用于通过旨在降低或减小开口取样期间发生的蒸发损失，但又不属于完全气密类型的设备进行采样的部位，例如轻质烃的采样
密闭取样器	适用于在带有压力或不宜使容器内的液体或气体溢（逸）出容器外而进行采样的部位，例如带有压力的液态烃

559. 按样品类型分，采样器有哪几种，它们的特点分别是什么?

答：按样品类型采样器可分为六种，特点如表15所示。

表 15　按样品类型分类的采样器特点

采样器名称	说明
点取样器	适用于在均匀的石油液体中抽取某个点位的样品，也适用于在不均匀的石油液体中抽取想要抽取的点位的样品，但点取样器取出的样品往往不具备代表性，故应在多个点位取样并按比例或等比例混合
区间取样器	也叫液芯取样器，它适用于连续取样的部位，取得的样品具有一定的代表性，但受取样器自身设计和人为操作的影响，可能会使某一部位的点样不均匀
底部取样器	适用于只需要底部样，而点取样器又不能达到具体的位置（通常点取样器是上开口，而底部取样器是下开口），有的底部取样器还设计了几个短支脚，除了方便临时站立外，还能腾空一段距离以避免将底部沉积物也携带上来
残渣和沉积物取样器	是专为采取残渣和沉积物而设计的，形似抓斗，能够有效地抓起沉积在容器底部的残渣和沉积物
例行取样器	与全层取样器可以互换，是采集例行样和全层样的，但由于限制应用不多
受限和密闭系统取样器	是方便在受限空间和密闭空间采样而专门使用的一种取样器，由于受限空间和密闭空间多带有压力，因而在取样器的设计中既考虑了压力的作用，又考虑了防止容器内部气体外泄的可能

560. 按取样器材质分，采样器有哪几种，它们的特点分别是什么？

答：按取样器材质采样器可分为四种，特点如表16所示。

表 16　按取样器材质分类的采样器特点

采样器名称	说明
金属材质	一般为铜质，并且多有配重，由于其结实耐用，应用广泛，但其受污染的可能性较大、部分样品可能与取样器的材质不兼容，所以在特殊情况下需要慎重考虑
玻璃材质	可以直观地看到样品状态，且玻璃与大部分样品均有很好的兼容性，应用广泛，但玻璃材质易碎的特性限制了它的应用，刚度没有金属材质好，体积增大后重量也将增大，故只适用于采少量（一般不超过 1L）样品
塑料材质	质地柔软且密度小，携带方便，但正是因为密度小，往往需要很多配重，提高了采样的烦琐程度，又因为很多时候塑料的材质会与样品发生化学反应，破坏样品的性质，故应用不多
木质	虽然具备塑料材质取样器的优点，但缺点也同样具备，不仅如此，样品易渗透到木质取样器中，不易清洗、易污染样品、容易变形，多需要在内外壁衬以合适的材料，而且木质取样器成本较高，这些都不可避免地制约着木质取样器的应用，故现在已很少使用，多使用金属材质、玻璃材质或塑料材质的取样器

561. 如何确定采样部位？各样品种类适用范围分别是什么？

答：采样部位不同，采集出所代表的样品也不同，对于均匀物料而言通常差别不大，而对于非均匀物料而言则差别很大。通常会根据需要确定采样部位，

表17给出了一些常见的采样部位。

表 17 常见的采样部位及其适用范围

采样部位	适用范围
全层样	适用于需要对物料进行整体评价时的情况
底部样	适用于需要对物料底部进行评价时的情况，通常不包括底部残渣、沉积物和明水
底水样	适用于需要对物料底部水层进行评价时的情况
泄水样	适用于需要通过泄水阀对物料底部水层进行评价时的情况，有的时候，泄水样等同于底水样
下部样	适用于需要对物料下部进行评价时的情况
中部样	适用于需要对物料中部进行评价时的情况
撇取样（表面样）	适用于需要对物料表面进行评价时的情况，通常为液体表面或液体下方不超过10cm 的位置
抽吸液位样（出口液面样）	适用于需要对泵出口（容器出口位置）进行评价时的情况
罐侧样	适用于从罐侧支路阀对容器内物料进行评价时的情况
顶部样	适用于需要对物料顶部进行评价时的情况，通常比撇取样的位置再深一点，但不超过上部样的采样部位
上部样	适用于需要对物料上部进行评价时的情况

562. 取样注意事项有哪些?

答：取样时，需注意以下事项。

（1）所有的取样设备、容器、收集器、转移用器具等都应确保清洁干燥；在样品调配中使用的取样设备、容器、收集器、转移用器具等都应具有防渗和抗被调配样品溶解的性能；在所取油品量有保证的前提下，应用被取样的油品冲洗至少一次。

（2）除了被取样的产品，样品中不应包含任何其他产品，如果有必要将样品从初始取样器转移到其他容器，应采取相应的预防措施来保持样品的完整性。在可行情况下，取样方法应避免样品转移，使样品通过获得它的原始容器（样品初始接收器）运送到实验室。

（3）当需要采取上部、中部、下部、底部等不同位置样品时，应按照从上到下的顺序进行，以免取样时扰动较低一层液面。

（4）容器内应留出至少5%的膨胀空间。

（5）采取的样品数量除保证检验目的所需数量外，至少应有一倍的留样，且应留样的取样方式完全与检验用样相同，并且相互为独立容器盛装。

（6）取样器、样品接收器或容器在充样并关闭后，应立即进行严格的渗漏检查。

（7）如果需要大量样品，而出于挥发性或其他考虑，又不能通过少量样品的累积而获得，则应通过有效方法（如循环或罐侧搅拌器）充分搅拌罐内液体。在足够多的不同液位采集样品，通过对它们的检验来确定罐内液体的均匀性。用连接至罐侧阀门或循环泵排泄阀上的放样管向容器内充入样品，放样管的出口应延伸至容器的底部附近。

（8）样品容器应具有醒目的标签，且优先使用挂签。标签上的标记应不可擦除。建议在标签上记录如下信息：取样地点、取样日期、操作者的姓名或其他识别标记、产品说明、样品代表的数量、罐号、包装号（及类型）、船名；样品类型、使用的取样装置或取样器、取样的其他附加说明。

（9）对于油罐自动取样器，取样前将取样器内静油段彻底循环进行置换，避免所取样品无代表性。

563. 采集汽油样品为什么要使用加长管，有何注意事项？

答：将挥发性油品（如汽油）采入顶部开口容器的最佳方法是采用浸没式充样。然而，有些油枪不具有到达样品容器底部的足够长度，而且为防止溢流，还安装了油枪口没入液体中时停止供油的切断装置，原理是流入感应端口的空气流的断开启动了安全断开装置。因此，为进行浸没式充样，应使用足够长度的加长管，它不仅能使出油口延伸到样品容器的底部，而且能使空气流入安全断开装置的传感器的端口。

检查加长管是否清洁，用油品冲洗油枪和加长管后，将加长管竖直立入样品容器，把油枪插入加长管。如果使用“空气管”型，应确保空气管接入感应端口。启动加油开关。如果使用宽松连接的加长管，应保持最小流速，防止汽油自油枪周围因涡流溢出。由于安全断开装置已无法启动，应小心谨慎，避免容器溢流。在向容器内注入样品后，按要求进行倒置、密封、泄漏检查，填写标签。

564. 取低闪点样品时如何防止静电危害?

答：取低闪点样品时，可采取以下措施防止静电危害。

（1）当装有易燃碳氢化合物的被取样油罐储存在高于它们闪点的温度时，不应进行储罐、汽车罐车、铁路罐车、油船或驳船内液体的取样。

（2）当进行油罐取样时，通过将罐体直接接地或通过悬吊中的缆线、绳索或尺带与计量口或蒸气闭锁阀稳定接触，使取样装置保持稳定接地。当进行管线取样时，管线和样品接收器之间通过连接管保持导电连接。

（3）当从罐内采集具有挥发性的样品时，如果它们在接近或高于其闪点的温度已装载完成或装入有气体存在的油罐，则在将可导电的取样设备放入油罐之前，应在转移或装载完成后，留出一定的静止时间（通常30分钟）。

（4）在易燃蒸气可能存在的地方，不应穿能造成火花的鞋套和衣服。

（5）在雷电干扰或冰暴期间，不应进行取样。

（6）为消除取样人员身体上的静电，操作员在取样前应接触罐体上距取样口至少1m的某个接地良好的部件。

565. 取样过程中的静电危害有哪些?

答：静电有如下危害：

（1）爆炸和火灾。爆炸和火灾是静电的最大危害。静电的能量虽然不大，但其电压很高且易放电出现静电火花。

（2）电击。由静电造成的电击，可能发生在人体接近带电物体的时候，也可能发生在带静电电荷的人体接近接地体的时候。一般情况下，静电的能量较小，因此在取样过程中的静电电击不会直接使人致命，但电击易引起坠落、摔倒等二次事故。

（3）静电还可引起电子元件误动作，引发二次事故。

566. 取样中，静电消散添加剂起到什么作用?

答：静电消散添加剂可将碳氢化合物液体的导电性能提高到足以避免静电荷累积的水平；总导电率为50pS/m可以接受。在该导电率下，液体内受限电荷的停留时间比较短，以至于在它形成时，电荷几乎就消散了。因此，只要液面以上的蒸气空间没有正在形成的油雾，计量和取样就可在不延迟的情况下甚至装油的过程中进行。

567. 如何判断罐内样品是否分层?

答：在需要评价罐内液体分层程度的情况下，首先要从液位的上部、中部和下部（或出口处）采集样品，然后把它们送至试验地点，分别检验密度、水和沉淀物的含量。当试验结果的变化范围不超过 $\pm 1kg/m^3$（密度）和 $\pm 0.1\%$（体积分数）（水含量）时，罐内样品应代表罐内所有液体，采用平均结果。

当试验结果的变化范围超过上述规定的极限值时，罐内液体可能存在分层。针对这种情况，如果可能，应在相邻取样位置的中间采集附加点样，并计算所有试验结果的平均值。当样品用于密度、水或沉淀物的分析时，不应对样品进行物理组合，但可对各样品的分析结果进行数学组合。

568. 对于取样地点，有何安全要求?

答：取样应当选择在能够确保安全取样的地方，并且对所有可能与取样有关的潜在危害都应标识清楚。对于管线取样，还应当安装压力计、温度计等必要的仪表以帮助确定管线内液体的状态。

为了方便取样，可以设置梯子、平台、扶手等辅助设施，并且应当保持水平状态。梯子、平台应当有足够的宽度以保证通行和操作所必需的空间，扶手应当焊接牢固。除非梯子、平台的一侧或多侧是有足够高实体的墙、板等，否则应当安装不低于1m或国家标准规定高度的护栏或围栏，并且间隙不宜过大，保证操作人员不会因间隙过大而穿过护栏。

569. 均匀液体取样有何特点，如何保证样品具有代表性?

答：均匀液体的样品采集通常比较简单，一般采集上、中、下三个点位或增加出口液面样即可。即便是这样，对于均匀液体而言也不宜采集过少的样品以防止样品不具有代表性。除非另有规定，容器的最少采样部位应当符合表18的规定。

表 18 容器的最少采样部位

深度（L）/m	上部样	中部样	下部样
$L \leqslant 3$		×	
$3 < L \leqslant 4.5$	×		×
$L > 4.5$	×	×	×

注：“×”代表采样点。

570. 什么是多点同位采样和同点多位采样?

答：多点同位采样是指在一个部位（如中部）的不同点位（如容器的前、中、后的中部）采样，这样得到的样品都是中部样，而且很好地代表了中部位置的各点位。

同点多位采样：与多点同位采样相反，同点多位采样是指在不同的部位（如上、中、下部样）的同一个点位（如靠近容器的中部位置）采样，这样得到的样品都是一个点位的样品，而且很好地代表了容器中部位置的全层样。

571. 选择盛装油品和天然气的容器需要注意什么?

答：盛放油品的容器应符合规定。容器应是洁净干燥的，应该有合适的帽、塞、盖或阀，并根据所需要样品的数量选择合适大小的容器。当采取的油样用于某些特定试验时，应尽量避免曝光。铜、铬、铅等金属离子会加快油品的氧化，因此应避免使用含铜、铬、铅的容器。天然气应使用专用取样钢瓶或天然气取样袋。

572. 石油液体和气体采样包装有何特点?

答：（1）液体。液体通常只有一种形态，但鉴于石油产品的特殊性，还有高黏度液体和半液半固体，形态相对不固定，大部分呈流动性，不易管理，通常使用罐、桶、听、瓶等作为包装方式，对于温度、湿度、密封性和防潮性要求较高，有的对包装材料也有要求，有的半固体产品还对包装形状有要求。液体一般按照采样部位的要求选择相应的取样器即可，高黏度的液体可以借助压力装置辅助采样，半固体产品可以通过舀取的方式采集样品。

（2）气体。气体有气态气体（如压缩气体）和液态气体（如液氧）之分，多使用耐高压的金属材质包装，对温度、湿度、压力、密封性、防潮性、材料相容性等都有很高的要求，且还多对抗震性、静电、保养有要求，管理上没有固体和液体方便，且具有潜在危险性。气体采样应使用专业的取样器。

573. 采集汽油样品应该如何防止挥发?

答：采集汽油样品时，为使轻组分的损失最小，宜采取如下方法。在冰箱内冷却样品容器，然后把它放在装有冷却介质（如固体二氧化碳和冰）的保温盒内。用保温盒把样品容器运到取样现场。在装样、密封并贴上标签后，立即将装样后的样品容器放回到保温盒内并运送到实验室。保温盒可以是一个具有足够强度的木盒，里面衬有约50mm厚的泡沫聚苯乙烯或聚氨酯板。

574. 油船舱如何取样?

答：对于一艘由多个舱室构成且装载相同原油和液体石油产品的油船，应尽可能在每个舱室取样。由于各种因素的限制，当不能在所有舱室进行取样时，经交接各方协商，也可按GB/T 4756—2015标准所述进行随机取样，但应包括首舱。在船运油品操作期间，安全和环境法规可能限制碳氢化合物向大气中排放。传统方法通过打开的计量口或观测口获取样品，现已限制使用，在某些情况下，甚至禁止使用。因此，在获取油船营运牌照的协议中都规定了一个共同条件，即油船应具有受限或密闭系统计量和取样设备，且应只通过蒸气闭锁阀进入油舱。蒸气闭锁阀的安装应符合船级社和相关港口权威机构的要求。

一条船通常划分为若干个舱室，其总装容量就是各舱室容量的总和，它们的体积和几何形状可能变化不一。某些舱室的体积高度比可能不一致，因此某些类型的样品可能没有代表性。对于这种情况，应优先使用每个舱室的点样；然而因船运作业有关的时间限制，实际通常需要采集全层样或例行样。

575. 对于铁路罐车，如何按一次取样方案取样?

答：对于一列装有相同产品的铁路罐车，各方应就接受从有限数目罐车中采样达成一致，应按照符合GB/T 4756—2015标准所述通用方法的取样计划，从据此选择的罐车上取样，但应包括首车。

例如：按照GB/T 4756—2015标准所述的取样计划，一列龙组有2~8个油罐车，按照一次取样方案，选取样品数为2个；一列龙组有9~15个油罐车，按照一次取样方案，选取样品数为3个；一列龙组有16~25个油罐车，按照一次取样方案，选取样品数为5个；一列龙组有26~50个油罐车，按照一次取样方案，选取样品数为8个。

576. 油库入库取样有哪些规定?

答：应按GB/T 4756—2015标准要求取样、登记、留样、检验。取样器应确保“专器专用”。基本单元、混合样、油罐留样至少1升，检验样品量应满足检验项目要求。样品到期方可处理，并做好登记。

577. 出库检验、周期检验和油品监督抽查，对取样分别有哪些规定?

答：出库检验取样：出库检验取出口液面样，经技术处理的油罐出库取样应分别取出口液面样、中部样和上部样进行检测；车用乙醇汽油在混合均匀的油罐车中取样。

周期检验取样：周期检验取油罐内液面中部样。

抽检取样：在油品质量监督检查实施过程中，油库、加油站取样严格执行相关标准方法，确保油样具有代表性。加油站取样前应通过油枪将至少4L油品排出后，方可正式取样。取样、留样使用洁净干燥、避光的容器。

578. 油罐取样的一般准备和操作要求有哪些?

答：（1）按要求制定取样程序。

（2）选定取样油罐，确定是否可以进行取样操作，一般取样时间为作业完成转移或装罐后的30分钟。

（3）穿戴好安全防护装备，包括防护手套、防静电工作服、不打火花的鞋等，在有飞溅危险的地方，需戴眼罩或面罩。

（4）对油库油罐进行取样时，取样人员应先消除静电。

（5）准备好取样仪器，将试样瓶洗涤干净，用吹风机干燥，并贴好标签。

（6）禁止从油罐发货管线以下液面进行取样，禁止从未经检验合格的油罐内取样。

579.从罐内采集具有挥发性的样品时，什么情况下无须等待可直接取样?

答：从罐内采集具有挥发性的样品，当满足如下条件时，无须等待，可直接取样：

（1）对于固定顶罐或浮顶罐，从延伸到液面以下且与罐壁直接导电的打过孔的计量管进行取样。

（2）对于固定顶罐，油罐配备了已接地的内浮盘。

（3）对于浮顶罐，浮顶完全浮起，且与罐壁处于直接导电状态。

（4）产品包含足够的静电消散添加剂，确保总导电率大于50pS/m，而且在液面以上的空间没有油雾形成。

580.加油机取样步骤和注意事项有哪些?

答：（1）对加油机加油枪进行取样时，取样人员应先消除静电。对于与加油机相连的油罐，在其卸油稳油期间，不得取样。

（2）用棉布细心清洁可能接触样品容器加油枪的各个部件。在抽取油品前，通过加油枪将至少4L油品放入一个合适容器内。对于连续停枪时间超过60分钟的加油枪，为避免加油机胶管、加油机内零件对油品质量产生影响，抽样前应先放出至少10L的油品，再进行抽样。

（3）将装有冲洗液的容器运离现场并用安全的方式处理，或将其倒回到现场的储罐内。检查样品容器的清洁度，将所需编号的样品容器对准被取样的加油机。

（4）记录加油机所显示的读数。将油枪的出油口插入样品容器，启动加油开关，使油品流入样品容器，操作方式应防止飞溅，减少泡沫形成和轻组分的损失。流入速率应能使空气从容器中排出，但不会使油品溢到容器以外。需注意，在采集汽油样品时，为加油枪装配一段加长管，进行容器的浸没式充样，可降低轻组分的损失。

（5）按加油机显示的读数向样品容器内最多加入占总容积75%的油品。加油后，用合适的封闭器立即封闭样品容器。将容器倒置，在倒立位置保持30秒，检查容器是否有泄漏发生。如果观察到泄漏，应更换新的封闭器并重新进行泄漏检查。当继续发生泄漏时，应按相关规定处理样品容器及内部液体。用新的样品容器和封闭器再次进行取样。

（6）在样品容器的标签上至少标注以下信息：取样的地点、日期和时间、取样的油品名称及牌号、取样的加油机名称或位号、油品的油罐编号、取样人或操作人。

（7）用合适的方式密封样品容器，确保在不破坏密封的情况下，不能移开封闭器和样品标签。

581. 如何清洁天然气取样钢瓶？

答：取样钢瓶完整的清洁步骤为：①将残留的样品气放空。②抽空或用氮气吹扫。③在气瓶内加入清洁剂，如丙酮。④在摇动机上将气瓶摇动2小时。⑤将丙酮转移至合适的容器中。⑥重新装入新鲜丙酮，放在摇动机上摇动2小时。⑦倒出丙酮，用氮气或干空气干燥。⑧在90℃的热风炉中进一步干燥气瓶。如果气瓶只配备一只阀，在干燥过程中应将其抽空。如果配备两只阀，干燥过程中用氮气吹扫。干燥过程约需12小时。⑨冷却后，将氮气充入气瓶并抽空，反复三次。⑩将氮气充入气瓶，压力为1MPa。⑪等待2小时后，用色谱检测残留的丙酮或其他杂质。⑫保存相应的色谱图作为气瓶的记录之一。

582. 如何采用充气排空法取样？

答：充气排空法取样使用的延伸管长度为0.6~1.2m，包括管子在内的所有材料应为不锈钢。可将延伸管卷绕起来，使取样设备更加紧凑。延伸管的作用是防止在样品容器出口阀发生重烃凝析。

具体步骤为：①安装取样探头；②连接取样导管；③打开取样点的阀，彻底排出任何积聚物；④将样品容器的一端通过取样系统和气源相连接；⑤缓慢地用气体吹扫以置换导管和样品容器内的空气；⑥关闭延伸管阀，使压力迅速增至选定的样品容器压力；⑦关闭样品容器进气阀，并将样品容器通过延伸管缓慢放空至大气压；⑧打开进气阀；⑨重复步骤⑦、⑧，直到能有效吹扫容器内原有的气体；⑩观察放空管尾端是否有液体的痕迹；⑪在最后一次吹扫后，先关闭延伸管阀，当压力达到选定的样品容器压力后，再关闭取样阀；

⑫记录样品容器压力；⑬记录气源温度；⑭关闭样品容器的进口阀和出口阀；⑮将取样导管泄压；⑯取下样品容器；⑰将各阀浸入水中检漏，或用肥皂水检漏；⑱封堵好各阀；⑲记录取样信息。

583. 天然气取点样有哪些常见的取样方法?

答：点样的取样是将样品充入合适的气瓶中，然后将装有样品的气瓶运送到分析地的间接取样方法。从低压天然气输配系统取点样，可使用玻璃容器。适合在高压和低压下取点样的方法有：充气排空法、控制流量法、抽空容器法、预充氦气法和移动活塞气瓶法。

控制流量法：本方法中，用针形阀来控制样品流量。该方法适用于样品容器温度等于或高于气源温度的情况，气源压力应大于大气压。

抽空容器法：本方法是在样品采集前预先将气瓶抽真空。该方法不受气源温度和压力的限制。样品容器上的阀和附件应处于良好状况且不应有泄漏。

预充氦气法：除了在取样前用氦气预充以保持样品容器内“无空气”之外，该方法与抽空容器法相似。本方法适用于那些不测定氦气和最好忽略氦气的场合，例如以氦气作为载气的气相色谱进行分析时。

移动活塞气瓶法：一般在管道压力下，用可伴热的取样导管将样品充入移动活塞气瓶，由此获得的分析结果与正确的在线分析结果非常吻合。

584. LNG 采样有哪些方法? 都有哪些特点?

答：LNG采样的目的是获取LNG样品，以便进行质量检测和分析。LNG采样的方法有很多种，包括手动采样、自动采样、在线采样等。不同的采样方法适用于不同的场合和要求。

手动采样是最常用的LNG采样方法之一。手动采样需要使用专门的采样瓶或采样袋，将LNG样品从LNG储罐或输送管道中采集。手动采样的优点是简单易行，适用于小规模的采样任务。但手动采样存在一定的误差，需要经过专业的培训和实践才能获得准确的采样结果。

自动采样是一种高效、准确的LNG采样方法。自动采样需要使用专门的采样器，将LNG样品从输送管道中自动采集。自动采样的优点是采样速度快、采样结果准确、操作简单。但是，自动采样需要投入较高的成本，适用于大规模的采样任务。

在线采样是一种新兴的LNG采样方法。在线采样需要使用专门的在线采样器，将LNG样品从输送管道中实时采集。在线采样的优点是采样速度快、采样结果准确、操作简单、无须停机。但是，在线采样需要投入较高的成本，适用于大规模的采样任务。

585. LNG 采样包括哪些采样标准?

答：选用任意LNG采样方法，都需要遵循一定的采样标准。LNG采样标准包括采样点的选择、采样器的选择、采样器的校准、采样器的清洗、采样器的保养等方面。采样标准的遵循可以保证LNG采样的准确性和可靠性，为LNG的质量和安全提供保障。

586. 在加气站进行取样时，有哪些注意事项?

答：在加气站抽检天然气时，硫化氢和水露点需要现场检测，要有熟悉天然气检测方法的人员核验检验仪器、试验方法等，确认试验规范操作。

第四章　质量监督抽检相关知识

587. 什么是抽样，抽样的目的是什么？

答：抽样，就是从总体（样品全体）中随机抽取若干个体（样品）构成样本的过程。

抽样的目的是进行抽样检查；而抽样检查的目的则是对总体作出判断。因此，抽样的基本原则是代表性，而从抽样的过程来看，还应注意随机性与均匀性。

588. 什么是抽检与全检？

答：抽检即抽样检查，全检是全数检查。从检查效果看，全检显然更加稳妥。然而，并非任何情况都可以进行全检。例如，带有破坏性、费用昂贵或数量非常大的检查，就不能或不宜进行全数检查。所以，抽样检查更具可操作性。

589. 什么是抽样方法？

答：从检查批中抽取样本的方法称为抽样方法。抽样方法的正确性是指抽样的代表性和抽样过程的随机性，代表性反映样本与批质量的接近程度。而随机性检查批中，单位产品被抽入样本纯粹由随机因素所决定。不能以主观的限制条件去提高抽样的代表性，抽样应当是完全随机的，这时采用简单随机抽样最为合理。在采用简单随机抽样比较困难的情况下，可以采用代表性和随机性可能较差的分层随机抽样或系统随机抽样，甚至采用分段随机抽样或整群随机抽样。这些抽样方法除简单随机抽样外，都可以近似地认为是随机抽样。

590. 什么是抽样方案？

答：确定样本容量和判定数的一组规定称为抽样方案。考虑供需双方的利益，只要事先商定或有关抽检文件规定了合格质量水平P_0，不合格质量水平或极限质量水平P_1、拒真概率α和纳伪概率β这四个参数，便可由抽样表查出对应的样本容量n和合格判定数A_c，即得出一个合适的抽样方案［n，A_c］。

591. 关于产品质量抽检，目前国家执行什么管理规定?

答：2019年11月21日国家市场监督管理总局令第18号公布《产品质量监督抽查管理暂行办法》，该办法自2020年1月1日起施行。2010年12月29日原国家质量监督检验检疫总局令第133号公布的《产品质量监督抽查管理办法》、2014年2月14日原国家工商行政管理总局令第61号公布的《流通领域商品质量抽查检验办法》、2016年3月17日原国家工商行政管理总局令第85号公布的《流通领域商品质量监督管理办法》同时废止。

592. 什么是质量监督抽查? 如何分类?

答：质量监督抽查是指市场监督管理部门为监督产品质量，依法组织对在中华人民共和国境内生产、销售的产品进行抽样、检验，并进行处理的活动。

质量监督抽查分为由国家市场监督管理总局组织的国家监督抽查和县级以上地方市场监督管理部门组织的地方监督抽查。

593. 国家市场监督管理总局、省级市场监督管理部门和市级、县级市场监督管理部门在质量监督抽查中如何分工?

答：（1）国家市场监督管理总局负责统筹管理、指导协调全国监督抽查工作，组织实施国家监督抽查，汇总、分析全国监督抽查信息；

（2）省级市场监督管理部门负责统一管理本行政区域内地方监督抽查工作，组织实施本级监督抽查，汇总、分析本行政区域监督抽查信息；

（3）市级、县级市场监督管理部门负责组织实施本级监督抽查，汇总、分析本行政区域监督抽查信息，配合上级市场监督管理部门在本行政区域内开展抽样工作，承担监督抽查结果处理工作。

594. 如果企业在某次国家质量抽检中对抽检结果有异议并申请了复检，那么按照《产品质量监督抽查管理暂行办法》规定，复检的流程是什么?

答:（1）企业向市场监督管理部门提出书面复检申请并阐明理由，收到异议处理申请的市场监督管理部门应当组织研究，对需要复检并具备检验条件的，应当组织复检；

（2）申请人应当自收到市场监督管理部门复检通知之日起七日内办理复检手续，逾期未办理的，视为放弃复检；

（3）市场监督管理部门应当自申请人办理复检手续之日起十日内确定具备相应资质的检验机构进行复检。

595. 按照《产品质量监督抽查管理暂行办法》规定，质量监督抽查的复检和初检机构可以是同一家吗?

答：不可以。复检机构与初检机构不得为同一机构，但组织监督抽查的省级以上市场监督管理部门行政区域内或者组织监督抽查的市级、县级市场监督管理部门所在省辖区内仅有一个检验机构具备相应资质的除外。

596.《产品质量监督抽查管理暂行办法》中对不合格产品的生产者和销售者是如何处理的呢?

答:（1）对检验结论为不合格的产品，被抽样生产者、销售者应当立即停止生产、销售同一产品。

（2）负责结果处理的市场监督管理部门应当责令不合格产品的被抽样生产者、销售者自责令之日起六十日内予以改正。

（3）负责结果处理的市场监督管理部门应当自责令之日起七十五日内按照监督抽查实施细则组织复查。被抽样生产者、销售者经复查不合格的，负责结果处理的市场监督管理部门应当逐级上报至省级市场监督管理部门，由其向社会公告。

（4）负责结果处理的市场监督管理部门应当在公告之日起六十日后九十日前对被抽样生产者、销售者组织复查，经复查仍不合格的，按照《中华人民共和国产品质量法》第十七条规定，责令停业，限期整顿；整顿期满后经复查仍不合格的，吊销营业执照。

597.《产品质量监督抽查管理暂行办法》中规定在哪些情况下需要对被抽样生产者、销售者按照有关法律、行政法规规定进行处理？

答：《产品质量监督抽查管理暂行办法》中规定被抽样生产者、销售者有下列情形之一的，由县级市场监督管理部门按照有关法律、行政法规规定进行处理；法律、行政法规未作规定的，处三万元以下罚款；涉嫌构成犯罪，依法需要追究刑事责任的，按照有关规定移送公安机关。

（1）被抽样产品存在严重质量问题的；

（2）阻碍、拒绝或者不配合依法进行的监督抽查的；

（3）未经负责结果处理的市场监督管理部门认定复查合格而恢复生产、销售同一产品的；

（4）隐匿、转移、变卖、损毁样品的。

598.《产品质量监督抽查管理暂行办法》规定，哪些情形不得抽样？

答：遇有下列情形之一的不得抽样：

（1）待销产品数量不符合监督抽查实施细则要求的；

（2）有充分证据表明拟抽样产品不用于销售，或者只用于出口并且出口合同对产品质量另有约定的；

（3）产品或者其包装上标注“试制”“处理”“样品”等字样的。

599. 受检单位在什么情况下可以拒绝接受抽样？

答：有以下情形之一的，受检单位可以拒绝接受抽样：

（1）抽样人员少于2人的；

（2）抽样人员无法向被抽样生产者、销售者出示组织监督抽查的市场监督管理部门出具的监督抽查通知书、抽样人员身份证明、组织监督抽查的市场监督管理部门出具的授权委托书复印件的；

（3）抽样人员未告知被抽样生产者、销售者抽查产品范围、抽样方法的；

（4）在六个月内对同一生产者按照同一标准生产的同一商标、同一规格型号的产品进行两次以上监督抽查的；

（5）被抽样生产者、销售者在抽样时能够证明同一产品在六个月内经上级市场监督管理部门监督抽查，下级市场监督管理部门重复抽查的；

（6）抽样基数不具代表性；

（7）抽样人员要求收取检验及其他费用。

600. 抽样可以由被抽检者自行操作吗?

答：不可以。样品应当由抽检人员在被抽样生产者、销售者的待销产品中随机抽取，不得由被抽检生产者、销售者自行抽样。

601. 对于质量抽检，受检单位需要对抽检人员的抽样全过程进行确认吗?

答：样品的质量监督抽查中抽样是关键环节，抽样的真实性、代表性对检测结果影响重大，因此需要对抽样全过程进行确认，其中包括对抽样容器及盛装样品容器的确认、抽样位置的确认、抽样操作过程规范性的确认等。

602. 油品抽查工作单上需要填写什么信息?

答：受检单位应向抽查人员提供准确的信息填写油品抽查工作单，具体信息至少包括：

（1）受检单位准确的名称、联系方式；

（2）抽查油品的名称、规格、执行产品的标准；

（3）抽样点信息，如抽样的油罐或加油机、加油枪号；

（4）抽样点的基数。

如需要时，提供油品来源的信息及相关进货单据。

603. 受检单位如果收到了不合格的检验结果通知书，应该怎么办?

答：（1）受检单位如果对检验结果有异议，应当自收到检验结果之日起15日内向实施监督抽查的部门申请复检，由受理复检的管理部门作出复检结论，同时做好相关协调与质量跟踪工作。

（2）受检单位检查分析产品质量监督抽查全过程相关的录像、图片、检验报告、承检单位质检能力等资料，确定抽样过程与检验机构的合法性，保留证据，作为复检理由。

（3）因为复检结论为最终结论，申请复检的受检单位要高度重视，明确落实承担复检的检测机构，不能同意质检能力、公正力低的检测机构作为复检仲裁机构。

（4）受检单位要尽可能参与留样的转送复检全过程，转送复检样品前要认真查验样品包装、签封、储存条件、防拆封污染等方面的问题。复检样品有问题时应尽可能录像、照相取证，在向复检机构移交等级样品时，必须要求复检机构在样品状态栏中如实注明，并要求保留复检余样备用。

604. 如果在质量监督抽查中发现油品或天然气有问题，受检单位该怎么处理才能将影响降至最低？

答：对质量监督抽查发现有问题的，受检单位应及时负责对影响进行评价。经营部门负责及时根据影响程度进行处理。对已销售的油品或天然气要联系客户，必要时无偿进行更换或进行相关的经济补偿，降低影响。对未销售的油品或天然气要立即停售，采取降级、回炼、优化处理或定向协议销售的方式进行处理。必要时，应启动应急措施，把对企业形象的影响降到最低。受检单位应根据质量监督抽查的结果，分析不合格的原因，落实责任人，及时采取措施，进行整改，通过质量监督抽查，提高自身的质量管理水平。

605. 如果受检单位在某次抽检中不合格，那么，需要对检验机构哪些方面进行重点关注？

答：（1）查看检验报告格式是否规范，是否有资质认定CMA章，且章是否在有效期内，报告引用的产品标准、方法标准是否为现行有效，报告判定是否准确。

（2）查看检验机构的计量认证证书，是否在有效期内，调取计量认证证书附表，查看授权检测范围。

（3）查看检验机构授权人附表，核对授权人授权签字范围和检验报告是否一致。

（4）查看取样方法是否为 GB/T 4756—2015，是否为检验机构计量认证的项目，调取抽样现场视频监控，查看是否合规。

（5）检验项目有没有被分包，若有分包情况，被分包方有无资质，分包是否取得委托方书面同意。

606. 销售企业质量抽检的定义是什么?

答：销售企业质量抽检是对购、储、运、销各环节成品油和天然气进行质量检查开展的检验。

607. 什么是销售企业系统内监督检查? 分为哪几类?

答：系统内监督检查，是指由销售企业质量主管部门组织，销售企业质量检验机构执行，对本企业所属油库、加油站（包括全资、租赁、委托、控股联营企业等形式）经营的及辖区内供货厂家的成品油和天然气进行抽样检验；并对其所属质量检验机构的建设、职能发挥、人员和设备状况等，实施监督检查。

系统内监督检查分3个层次，即销售公司级、省级公司级、地市级。

608. 销售企业质量抽查的检验项目包括哪些?

答：（1）销售企业内部抽检应依据当地油品和天然气质量及市场关注情况开展检验项目，不得长期检验项目不变。

（2）销售企业外部抽检自检项目不得少于抽检项目，对于国家监督抽查或集团公司（股份公司）抽查，自检样应立即送质检中心检验；对于省级及以下地方监督抽查，自检样应立即送B级（含B级）以上质检室检验。

609. 如果油库、加油站或加气站被抽检，需要对监督抽查合规性进行确认吗?

答：需要。受检单位对检查机构监督抽查首先要进行合规性确认，对监督抽查的目的、范围、要求进行了解，对抽查人员的身份真实性进行确认。包括要求监督抽查人员出示监督抽查通知书、相关文件的复印件、人员身份证明等，并向上级或相关部门进行确认。对于政府部门组织的监督抽查工作，应确认抽查人员是否具有抽样能力，如具有法定资质的产品质量监督检验机构人员。

610. 油库面对质量抽检，需要对油库内所有油罐进行取样吗?

答：不一定。油库中未经检验合格的油罐内油品和油罐发货管线以下液面不能进行取样抽检。

参考文献

［1］刘建，徐晴，孙应军，等. 用于电动汽车直流充电桩的能效计量方案研究［J］. 电测与仪表，2017，54（23）：47–53.

［2］贾莉洁，衣丽君. 后补贴时代新能源汽车换电模式发展趋势［J］. 汽车实用技术，2020（1）：9–12.

［3］胡建，林春景，郝维健，等. 动力电池标准体系建设现状及建议［J］. 储能科学与技术，2022，11（1）：313–320.

［4］何蛟，张谦然. “双碳”背景下电动汽车充电基础设施软硬件发展趋势研究［J］. 科技与创新，2021（18）：92–93，96.

［5］赵岩. 电动汽车充电设备计量准确性提升技术研究［J］. 内燃机与配件，2021（21）：227–229.

［6］王义勇，袁明旭. 以更换电池模式推动电动汽车快速发展的思考与建议［J］. 四川水力发电，2021，40（6）：130–133.

［7］左培文，朱培培，邵丽青. 新能源汽车动力电池产业发展特点与趋势分析［J］. 汽车文摘，2022（1）：1–7.

［8］杨铭. 后补贴时代新能源汽车换电模式发展趋势分析［J］. 时代汽车，2022（2）：112–113.

［9］盛毛毛. 浅析电动汽车供电技术的研究及发展［J］. 内燃机与配件，2022（3）：190–192.

［10］刘江彩，陈巍，陈冬，等. 电动汽车电池的发展展望［J］. 南方农机，2022，53（3）：146–148.

［11］族青. 新能源汽车换电模式现状及发展趋势［J］. 现代工业经济和信息化，2022，12（10）：260–262.

［12］于秩祥. 电动汽车动力电池热失控故障诊断研究［J］. 汽车科技，2023（2）：48–55.

［13］李东旭，宋海东，张忠义，等. 新能源汽车动力系统的维护与保养探析［J］. 时代汽车，2023（8）：177–179.

[14] 刘宏华，宋煜，陈宏远，等. 物联网双标准电池纯电换电汽车及未来展望［J］. 时代汽车，2023（7）：132–134.

[15] 徐达成，谢鑫，朱涵，等. 各国电动汽车交流充电桩应用标准解读及技术发展趋势［J］. 汽车与新动力，2023，6（2）：5–10.

[16] 康艳. 电动汽车充电桩电能计量问题分析［J］. 汽车与新动力，2023，6（2）：27–30.

[17] 杨世春，卢宇，周思达，等. 车用动力电池标准体系研究与分析［J］. 机械工程学报，2023（22）：1–17.

[18] 赵航，史广奎. 混合动力电动汽车技术［M］. 北京：机械工业出版社，2012.

[19] 王志福，张承宁，等. 电动汽车电驱动理论与设计［M］. 北京：机械工业出版社，2016.

[20] 王震坡，孙逢春，刘鹏，等. 电动汽车原理与应用技术［M］. 北京：机械工业出版社，2016.

[21] 亚历山大·泰勒，丹尼尔·瓦兹尼格. 新能源汽车动力电池技术［M］. 陈勇，译. 北京：北京理工大学出版社，2017.

[22] 徐海明，刘烨枫，孙勇，等. 电动汽车充换电设施运行与维护［M］. 北京：中国电力出版社，2019.

[23] 马秀让，李春东，穆祥静，等. 汽车充电站建设与管理［M］. 北京：中国石化出版社，2019.